土木结构爆破拆除

言志信　著

·长　沙·

图书在版编目(CIP)数据

土木结构爆破拆除 / 言志信著. —长沙：中南大学出版社，2021.7

ISBN 978-7-5487-4244-9

Ⅰ. ①土… Ⅱ. ①言… Ⅲ. ①土木结构—爆破拆除
Ⅳ. ①TU311

中国版本图书馆 CIP 数据核字(2020)第 216082 号

土木结构爆破拆除

TUMU JIEGOU BAOPO CHAICHU

言志信　著

□**责任编辑**　史海燕
□**责任印制**　易红卫
□**出版发行**　中南大学出版社
社址：长沙市麓山南路　邮编：410083
发行科电话：0731-88876770　传真：0731-88710482
□**印　　装**　湖南蓝盾彩色印务有限公司

□**开　　本**　710 mm×1000 mm　1/16　□**印张** 11.25　□**字数** 224 千字
□**版　　次**　2021 年 7 月第 1 版　□2021 年 7 月第 1 次印刷
□**书　　号**　ISBN 978-7-5487-4244-9
□**定　　价**　50.00 元

内容简介

本书在总结分析爆破拆除理论和工程实践及其发展基础上，针对爆破拆除中的关键科学技术问题，紧扣爆破拆除发展需要开展研究，并进行建(构)筑物爆破拆除工程实践，通过理论与实际工程相结合研究探索了爆破拆除中建(构)筑物的倾倒机理及其过程，以及通过数值模拟与实际工程对比分析探索了爆破拆除中建(构)筑物的失稳倾倒过程及拆除效果，并通过实验与理论研究相结合探索了聚能爆破拆除机理。

本书共7章，包括绪论、脆性固体介质爆破破碎机理及爆破参数、爆破拆除数值模拟方法、爆破拆除厂房和楼房、高耸筒形结构爆破拆除、水压爆破拆除、聚能装药爆破拆除加速机理研究。

本书可作为高等院校土木工程、地质工程、水利水电工程、采矿工程等专业高年级或研究生的教材或参考书，也可供相关专业教师、科研人员和工程技术人员阅读和参考。

目录

Contents

1 绪论

1.1 爆破拆除

1.1.1 引言

随着城市建设的发展，建(构)筑物拆除已成为城市改建、扩建中必须面对和解决的重要问题之一，而且，建(构)筑物拆除任务日趋繁重、拆除难度迅速增大、施工环境条件更加苛刻，三者结合到一起给旧城改造带来巨大困难的同时，给城市建设带来严峻挑战，严重阻碍经济社会的发展。

在城市建(构)筑物拆除工程实践中，人类已经做了大量工作。80年代以来，巴西成功拆除了32层钢筋混凝土结构大楼；南非拆除了高达270 m的烟囱。我国于20世纪90年代在武汉成功拆除了正缓慢倾斜的18层(高56 m)大楼，在上海成功拆除了16层的长征医院病房大楼，在广东茂名成功拆除了两座120 m的钢筋混凝土烟囱；进入21世纪，又先后在广州成功拆除了有45年历史的中华人民共和国成立后广州首批标志性建筑之一——广州旧体育馆，在河北保定成功拆除了18层燕赵大酒店，在四川成都成功拆除了华能成都电厂——一座高达210 m的钢筋混凝土烟囱，在广东中山成功拆除了高达104 m的烂尾楼，在贵州遵义成功拆除了遵义火力发电厂两座高达85 m的钢筋混凝土冷却塔，在山东泰安成功拆除了20层钢筋混凝土剪力墙结构大楼，在湖北利川成功拆除了4栋未完工的整浇钢筋混凝土全剪力墙结构大楼，在贵州镇远成功拆除了500 kV高压线下的现浇钢筋混凝土箱梁桥，等等。

需要拆除的建(构)筑物大多处于人口稠密、建筑物相对集中的地带，对拆除的安全性、速度和环境保护的要求越来越高，同时，需要拆除的建筑物越来越高，形式越来越多样，结构越来越复杂，致使拆除的难度日益增大。即是说城市建(构)筑物拆除：一要保护环境，二要解决不断加大难度的拆除问题。在保护周围环境和保护其他建筑物不受影响的条件下，如何安全、快速地实施对建筑物的拆除，是各国共同面临的问题，对于人口众多、城市化快速推进的我国，这一问题更加突出。

城市建(构)筑物大多为钢筋混凝土结构、钢结构和砌体结构，不同材质、类型的结构具有不同的特点，针对这些结构主要有以下一些拆除方法：

(1)利用重力锤初始冲击动能对结构进行冲击破坏使其解体

按动力来源不同，可分为手工重力锤拆除和机械重力锤拆除。这种拆除方法的特点是：费力、安全系数小、速度慢。

(2)推力臂拆除或机械牵引定向倾倒拆除

该方法属于机械拆除，需要一定的场地，且拆除高度受到一定限制。

(3)切割拆除

该方法采用机械切割、高压水射流切割、高压电流切割、火焰喷射切割、激光切割等现代切割技术，根据结构的类型及特点，对钢筋混凝土结构、钢结构的梁、柱和板壳进行分割解体，然后吊装，以达到安全、无振动、无噪声和无粉尘污染地拆除建(构)筑物的目的。该方法机械化程度高，便于控制，适于人口密度大、建筑物密集和危险地带的建(构)筑物拆除。1972 年日本的 Toda 建筑有限公司开发并研制了这一套应用切割技术，用于建筑物拆除，通过多年的实践和完善，使之成为系统化、机械化的自动拆除技术，在日本已获得较为广泛的应用。

该建筑物拆除方法的技术难度大、成本高，其拆除的速度也远比不上爆破拆除。

(4)静态破碎拆除

该方法利用装在孔中的静态破碎剂的水化反应和晶体变形，产生体积膨胀而使孔壁受拉伸作用，从而使结构破坏，实现结构拆除目的。

工程中常用静态破碎剂对基础、地下结构、水池、桩基、机座墩台和环境要求极高的构筑物进行破碎而实现分离拆除。

(5)爆破拆除

利用爆破的方法，切断不同构件之间的联系，特别是破坏结构的承重体系，使之失去承载能力，从而结构在重力和重力产生的倾倒力矩作用下，倾倒失稳以达到结构拆除目的为爆破拆除。该拆除方法具有安全、高效、成本低，且不需要高成本的复杂设备等突出优势。目前，高大建筑物普遍采用爆破拆除，爆破拆除在我国应用尤为广泛，在美国、英国、丹麦、瑞典、捷克、荷兰、德国和法国，近年在日本，均得到普遍推广，目前的建筑物拆除理论及拆除对环境影响和破坏的研究均基于爆破拆除方法。

1.1.2 爆破拆除的概念

爆炸是一种剧烈的、极为迅速的能量释放过程，它必须具备两个条件：其一，单位体积能量密度很大，其二，能量释放或转化极快。

利用炸药爆炸产生的能量做功，以达到一定工程目的即为工程爆破；我们的祖先约在公元 600 年就发明了火药，掌握了火药的制造技术，不过当时及以后一段时期，黑火药主要用于军事，在工程中应用不多，直至1613年德国人马林(Marlin)、韦格尔(Weigel)爆破岩石，开创了工程爆破的先河。19世纪诺贝尔(Nobel)发明Dynamite炸药，从而推动了工程爆破的广泛应用，极大地提高了筑路、采矿、水利建设及多行业的效率，有人谓之：没有炸药，就没有近代的物质文明。西方真正意义的工业革命，是从应用工业炸药于筑路和采矿开始的。

20世纪以来，工程爆破已广泛应用于国民经济的多个领域，爆破规模已达到一次爆炸药量12万t。人们普遍承认，工程爆破是工程施工的一种特殊方法，是完成人力或机械力所不能胜任的一种非同寻常的施工方法。

与此同时，爆破带来的振动、空气冲击波等爆破公害亦日益为人们所关注，推动新的爆破器材不断问世的同时，人们对爆破理论进行了深入研究，围绕结构爆破拆除工程的对象、规模、要求、环境等具体条件，通过精心设计，采用各种施工与防护等技术措施，严格控制爆炸能的释放过程和介质的破碎过程，既要达到预期的爆破破碎效果，又要将爆破拆除中结构的倾倒方向、爆破范围以及爆破地震波、飞石等危害控制在规定的限度之内，以达到人们企盼的控制爆破的目的。爆破理论水平的提高反过来推动爆破技术应用范围的扩大，使其20世纪中叶开始用于城市建(构)筑物的爆破拆除，自70年代中期开始在我国获得迅速发展和广泛应用。

由上述可见，爆破拆除是控制爆破的重要方面，在控制爆破中占有重要地位。控制爆破对爆破效果和爆破危害进行双重控制，具有快速、安全、低成本等许多优势。但控制爆破是在其他爆破方法的基础上发展起来的，它同样体现和遵守适用于一般常规爆破的爆轰原理、破碎机理等基本规律，又因控制爆破的实施和需要达到的效果与常规爆破不同，研究控制爆破的作用机理既要从“爆破破坏”的角度着眼，还要与“爆破效果和爆破危害双重控制”原理相联系，特别是研究城市拆除控制爆破更应如此。作为控制爆破的主要方面，爆破拆除需要运用爆炸力学、材料力学、运动学、动力学、结构力学，尤其是钢筋混凝土结构、砌体结构及钢结构等多学科理论的综合，并应用高速摄影、振动测试等多种观测手段以及数值模拟技术的配合开展研究，以达到使爆破拆除建(构)筑物依靠自重失稳、倒塌、解体的同时，使爆破公害得到有效控制，取得预期的结构爆破拆除目的和效果。

目前国内外常见的控制爆破拆除主要应用在以下方面：

(1)大型块体的切割和解体

常见的爆破拆除对象包括厂房内设备基础、各种建筑物基础以及桥梁、墩台、码头船坞等。此类结构爆破拆除对象的特点是材质不一、形状多样、环境复杂。

(2)地坪爆破拆除

常见的爆破拆除对象包括混凝土路面、地坪、飞机跑道和停机场等。其特点是面积大、厚度小和介质强度差异较大等。

(3)房屋建筑结构爆破拆除

对此类结构的爆破拆除，往往由于受到场地条件的限制，因而经常采用定向倾倒或折叠倒塌等爆破拆除方案；砖混结构建筑物还可采用原地坍塌的爆破拆除方案。

(4)构筑物爆破拆除

对烟囱、水塔、跳伞塔等构筑物的爆破拆除一般采用定向倾倒、单向或双向折叠倒塌以及原地坍塌的爆破拆除方案。

(5)金属结构物拆除

对钢桥、船舶、钢柱、钢管、大型钢锭等的拆除，由于金属结构物材质均一，因而爆破参数的选取相对简单，有其独特之处。

1.1.3 爆破拆除的发展趋势

爆破拆除产生于“二战”废墟的清理，20 世纪 70 年代进入到城市建设领域，作为“一项带有开拓性的新技术领域”，几十年来在旧城改造和城市发展中发挥巨大作用，极大地推动了经济和社会的发展。

爆破拆除是一种高效、经济、安全的重要施工手段，是工程爆破的重要组成部分，自 20 世纪 70 年代末，特别是改革开放以来，随着经济建设的加快，我国科技人员结合经济建设的需要，进行了大量的结构爆破拆除实践，也做了一些课题研究，积累了丰富的结构爆破拆除经验，基本上解决了当时一般建筑物和构筑物的爆破拆除问题，并能一定程度上控制爆破飞石、空气冲击波和地震效应，掌握了某些水压爆破技术，使我国在工程爆破特别是在爆破拆除领域的水平世界领先。但对于高大建筑物(包括多高层建筑和特高圆筒形烟囱、水塔等)，如何做到原地坍塌和定向倾倒等仍存在许多问题需要研究；对水压爆破的机理仍然不清楚；存在计算不够准确等许多问题。

上述存在的问题，在高楼密布、空间狭小、要求异常苛刻的现代化都市里，显得格外突出。一方面，爆破拆除以空前规模在建(构)筑物拆除领域发挥作用，它以其快捷、高效、低成本给城市建设做出巨大贡献；另一方面，面对各种新型结构、高大建(构)筑物和苛刻的要求望而却步，各种事故乃至人员伤亡的灾难性事故不时发生，令世人震惊，此情况虽未从根本上动摇人们对结构爆破拆除技术的信心，但已使得很多人对其采取慎之又慎的态度，甚至在某些城市出现花数倍的工程成本采用其他结构拆除方法拆除大楼，而将爆破拆除方法弃之一边以保安全的情况。

分析这种现象产生的原因，除施工人员素质低、安全意识淡漠、没有进行严格的施工和管理不到位外，设计不合理，考虑不周也是重要原因。另外，有许多工程虽进行了严格的施工和防护，仍出现爆而不倒，或未按预定方向倒塌等，这中间，设计者经验不足是问题所在的一个方面，而设计所依据的理论、公式本身的欠合理性也是一个不容忽视的重要方面，而且问题日趋严重。从目前爆破拆除所依据的理论来看，一方面，大型结构爆破拆除套用过去同类小型结构爆破拆除总结的经验公式；另一方面，现在被拆除建(构)筑物的结构形式极为复杂，坍塌空间十分有限，人们环保意识空前增强，而已有的理论和经验均未能涉及；此外，过去某些成熟的经验公式，也只是过去经验的总结，是在具体工程条件下诞生的，且各类经验公式表达形式各不相同，具有与生俱来的局限性。

随着观测技术和计算技术的发展，以及人们对安全和环保关注程度的提高，越来越严格的安全和环保法规的出台，迫切要求爆破拆除运用现代最先进技术深化和拓展已有理论和技术研究，推动爆破拆除技术进步，使之做到科学、可控、准确、可预测。

综上所述，目前结构爆破拆除存在的问题主要在于：

(1)日益增长的工程需要与已有理论、已有工程经验不足的矛盾；

(2)日益复杂的工程条件和日益苛刻的工程要求与已有理论不足甚至未能涉及的矛盾；

(3)结构爆破拆除的对象已大型化，理论和经验仍停留在小型水平之上的矛盾。

迫切需要解决的问题是：

(1)发展实验技术，加强实验研究，探索结构爆破拆除的机理；

(2)加强理论研究，建立结构爆破拆除的力学模型，它比经验公式有更普遍的指导意义；

(3)加强结构爆破拆除工程实践研究，及时丰富和总结新的工程经验，探索新的结构类型爆破拆除力学过程，为今后同类工程借鉴；

(4)进一步加深对爆破公害的机理、测试手段和控制标准的探索；

(5)加强计算机在该领域的应用，利用现代新理论、新技术研究结构爆破拆除，利用数值模拟技术进行结构爆破拆除研究和过程的仿真，优化结构爆破拆除设计。

我国人口众多，随着经济的高速发展，城市化持续推进，城市人口迅速增长，现有城市设施和居住条件不能满足人民群众日益增长的需要，势必一方面需要扩大城市范围，另一方面需要加快旧城改造，各种结构拆除的任务十分繁重，加强结构爆破拆除及其对环境影响的研究，探索复杂条件下结构爆破拆除坍塌机理，研究合理的爆破设计理论，及时总结不同结构爆破拆除经验，具有特别重要的理论意义和工程应用价值，这既是学科发展的需要，也是经济建设和发展的必然要求，同时还是人民群众的期待，是结构爆破拆除走向世界、面向未来、服务社会的必由之路。

1.2 爆破拆除研究现状

自20世纪中叶，特别是80年代以来，结构爆破拆除得到了高速发展，在许多国家已普遍为人们所接受。国内外学者们通过大量的模型实验、现场观测研究、理论分析，特别是从大量结构爆破拆除工程中及时总结经验，得到了许多的经验公式和半经验公式，取得了丰富的研究成果，直至今日，这些经验公式和半经验公式仍是爆破设计、规程制定的基本依据。但是，由于结构爆破拆除涉及许多学科，影响因素多而复杂，加之研究极为困难，同时还由于被拆除对象的结构类型、特点及环境条件差别甚多，人们的要求也已发生很大的变化，加上工程的规模迅速增大，导致工程实践超前于理论研究、已有的工程经验落后于工程实践的局面，其结果常给工程带来隐患。

1.2.1 结构爆破拆除发展概况

纵观当今世界，中国、美国和众多欧洲国家中，结构爆破拆除占有突出地位，是各类建(构)筑物，尤其是高大建筑物拆除的主要手段，对结构爆破拆除的认识已较为深入；在日本，由于人们担心安全和环境问题，结构爆破拆除受到来自民间和政府的抵制，致使结构爆破拆除实践发展缓慢，机械拆除技术居于领先水平，但近年结构爆破拆除研究工作也非常活跃。

欧洲已成立了专门的拆除协会(European Demolition Association，简称EDA)，负责城市建(构)筑物拆除设备、技术、立法及其他相关研究，并为欧洲各国进行城市建(构)筑物控制拆除标准化设计提供参考和依据。法国人Cormon & Pirerre和英国人Topliss & Colin E全面论述了建筑物拆除的各个方面，为结构拆除在欧洲的发展做出了巨大贡献。同时，材料和结构测试与研究实验室国际联合会(RILEM)于1977年6月在英国Carston成立了专门的钢筋混凝土结构拆除与重复利用技术委员会，1985年该委员会与欧洲结构拆除协会(EDA)合作，在荷兰鹿特丹召开了混凝土结构拆除与重复利用第一届国际会议，之后分别于1988年在日本的东京、1993年在丹麦的奥登斯召开国际会议，在会议中，学者们和工程界人士进行了广泛的学术研讨，对混凝土结构的拆除与重复利用研究起了巨大的推动作用。

日本建筑承包商协会(BCS)成立了钢筋混凝土结构拆除委员会，并于1970年出版了《混凝土结构拆除方法》专著。

高层建筑物的发展极为迅速，为结构爆破拆除提供了广阔的发展空间和前景。19 世纪中叶以前，由于建材和提升系统的发展滞后，国外几乎没有高层建筑。19 世纪中叶至 20 世纪中叶，由于水泥和电梯的发明，高层建筑发展迅速，在此期间建造的楼房高度已达到 100 层(美国帝国大厦 381 m)。20 世纪 50 年代以来，高层建筑在世界的发展更为迅速，尤其在中国，高层建筑如雨后春笋层出不穷，高层建筑高度不断刷新纪录的同时，其结构形式更加复杂。当一些高层建筑达到使用期限时，传统的结构拆除方法在拆除高层建筑时遇到极大困难，而大量的实践表明，用爆破方法拆除高层建筑切实可行。目前在拆除高层建筑时，爆破拆除已成为首选的方法。在欧美的许多国家，结构爆破拆除的应用范围十分广泛。如德国仅在 1978 年至 1988 年的十年间就用爆破方法拆除了几百座桥梁，英国从 1979 年至 1993 年间已用爆破方法拆除了 30~40 座 12~25 层的高大建筑物，瑞典、法国、捷克、匈牙利、美国等国也都用爆破方法拆除了大量的各类高大建筑物。

在结构爆破拆除发展的过程中，产生了一批世界著名的爆破公司：

(1) Controlled Demolition Incorporated(美国)

1947 年开始进行建筑物的爆破拆除，是世界上最早进行结构爆破拆除的公司。该公司除在美国进行了结构爆破拆除外，还在美国以外的其他地区承担过数千次结构爆破拆除任务。

(2) Ogden & Sons Demolition Ltd(英国)

(3) Italesplosivi(意大利)

(4) VebAutofahnbaukominat(德国)

(5) Nitro Consult AB(瑞典)

这些公司不仅在本国范围内进行了结构爆破拆除，而且非常注重爆破技术的输出。如美国一家公司曾在巴西爆破拆除了一座 32 层的大楼，英国一家公司曾为南非爆破拆除了一座高达 270 m 的烟囱。这些成功的实例充分显示了用爆破方法拆除巨型建筑物的优越性。

我国的爆破拆除是工程爆破中的重要组成部分，起步于 20 世纪 50 年代，曾于 1958 年在市区爆破拆除钢筋混凝土烟囱。自 70 年代末，随着经济建设的发展，各地改建项目日益增多，结构爆破拆除的任务不断扩展。成立了数以百计的爆破服务机构，1973 年，北京铁路局在北京王府井爆破拆除了地下室钢筋混凝土结构，被拆除钢筋混凝土体积约 2000 m^3；1976~1977 年，工程兵工程学院在北京天安门广场爆破拆除了 3 座钢筋混凝土框架结构楼房，总面积约 12000 m^2。爆破拆除建(构)筑物的高度不断刷新，工程量不断加大，形式更加复杂。

为解决日趋复杂的结构爆破拆除工程技术问题，我国爆破工作者自 20 世纪 70 年代末开始，运用爆炸力学、断裂力学、岩土力学、材料力学、结构力学及运动学、动力学特别是建筑结构等多学科理论，结合高速摄影、振动测试等多种观测手段，分析结构爆破拆除中结构倾倒和解体破碎的力学过程，从工程中获得了大量的实践经验，在对这些经验进行加工整理基础上，总结出了大量的经验公式，这些经验公式和工程实例对后来的结构爆破拆除工程具有极大的指导和借鉴意义，同时，在后来的设计和施工中这些公式得到了进一步的完善和发展。并且，通过对结构爆破拆除进行成本核算、经济指标分析，已制定了结构爆破拆除定额。计算机、专家系统等先进研究手段、研究方法也已引入结构爆破拆除的研究中。

过去，结构爆破拆除的设计主要依赖于经验公式和一些定性的分析进行，这些经验公式都是在若干次爆破实验和实践基础上总结出来的，各类经验公式的表达形式不同。随着观测技术和计算机技术的发展，以及人们对安全关注程度的提高和各国越来越严格的安全和环保法规的出台，推动结构爆破拆除将现代先进技术手段应用于研究中，正朝着更为科学、可控、准确、可预测的方向发展。

1.2.2 结构爆破拆除的研究现状

1.2.2.1 结构钻眼爆破拆除研究现状

1)脆性固体介质破碎、爆破参数及装药量研究

沃奥班(Vauban)针对脆性固体介质爆破破碎首先提出了经验公式，后来许多学者对其加以发展，其中，鲍列斯阔夫经验公式得到广泛应用，至今仍是工程爆破的基本公式。C. W. 利文斯顿(C. W. Livingston)根据大量漏斗实验，第一个科学地确定了爆破漏斗的几何形态，得出了单位炸药量的爆破漏斗体积与深度比曲线。此外，比较著名的还有 O. E. 弗拉索夫理论，这三个具有代表性理论各有特点，但均未涉及爆破过程的物理实质，是经验计算公式。

20 世纪 60 年代初，日野熊雄提出了冲击波破坏理论，U. Longfors 等人提出了爆破气体膨胀压破坏理论。20 世纪 70 年代，L. C. Longe 明确提出了爆破作用三阶段理论。

除以上对脆性固体介质爆破进行经验模型的研究以寻求解决工程设计和参数优化外，另一研究是建立在爆破机理基础上普遍适用于各种爆破计算和分析的模型，其中具有代表性的 Harries 模型和 Favreau 模型将脆性固体介质视为均质弹性体。Harries 模型是建立在弹性应变波基础上的高度简化的准静态模型；Favreau 模型已有 20 余年的历史，以此为基础的 BLASPA 数值模拟程序得到较广泛应用。

NAG-FRAG 和 BCM 是断裂理论模型。NAG-FRAG 模型(Stuar Mchugh，1983 年)以应力波使脆性固体介质中原有的裂纹激活而形成裂缝为主，同时考虑了爆生气体压力引起的裂缝进一步扩展，脆性固体介质爆破破坏范围及程度取决于受应力波作用激活的裂纹数量和裂纹扩展速度。BCM 模型建立在 Griffith 裂缝传播

理论基础上，认为脆性固体介质中存在的微缺陷可看作是均匀分布的扁平状裂隙。

J. S. Kuszmaul 于 1987 年提出了脆性固体介质爆破损伤本构模型，该模型认为脆性固体介质抗压强度远高于其抗拉强度，所以可以认为其处于体积压缩状态时，属于弹塑性材料，而处于体积拉伸状态时发生脆性断裂，且断裂裂纹形态与应变率有关。

Y. Ogata 等人还针对爆破拆除中脆性固体介质的破碎机理，用高速摄影记录了混凝土和钢筋混凝土爆破后，碎块飞行速度、距离和碎块分布；而处于体积拉伸状态时发生脆性断裂，且断裂裂纹形态与应变率有关。

我国众多单位也对其进行了研究，其中有代表性的单位有马鞍山矿山研究院、长沙矿山研究院、中国铁道科学院、东北大学、西南交通大学等。

我国学者钮强等对脆性固体介质的可爆性进行了研究，提出了脆性固体介质可爆性分级的合理判据，揭示出其爆破性的本质；把脆性固体介质爆破物理过程的实质与爆破最佳经济准则统一起来评价其可爆性。杨军等运用分形损伤理论，对岩石爆破机理进行了研究，进一步揭示了爆破过程的细观机理。尤其是冯叔瑜、何广沂等在分析脆性固体介质爆破的一般规律基础上，结合拆除爆破小抵抗线、小药量、小直径的特点，研究并获得了适合于拆除爆破不同情况的爆破药量计算公式，归纳起来主要有：体积公式、孔深公式以及剪切破碎公式等，并获得了适应不同公式的相应爆破参数取值范围。

2）高大厂房楼房结构爆破拆除研究

几十年来，各国高大建筑物爆破拆除技术获得巨大进步。相对我国而言，国外的爆破拆除不仅发展较早，而且开展了深入的理论研究、模型试验研究、工程应用研究以及数值模拟研究，取得了大量的研究成果。

瑞典的 Conny Sjoberg 利用高速摄影对高层建筑物爆破拆除的倒塌过程进行了研究。研究对象是位于瑞典哥德堡的 10 层钢筋混凝土框架结构建筑物。爆破前，在建筑物上设置了许多标志，用高速摄影机以每秒 64 幅的速度拍摄建筑物的倒塌过程，共摄得 500 幅照片。用数字化仪将摄得的标志点位置信息输入计算机，通过计算机分析绘制了位移-时间、速度-时间曲线，可以计算出结构的势能、动能、总能量、建筑物切口上部反作用力和塌落荷载。

德国的 Melzer 博士在汉堡高层建筑物的爆破拆除中研究了下面两个问题：

（1）如何保证经预切割削弱的建筑物在爆破前不会因偶然因素而丧失稳定性的问题，此问题属于结构力学问题。

（2）建筑物倒塌触地后震动的传播和对周围建筑物的影响问题。

Melzer 博士主要对第二个问题进行了研究。

美国一家控制爆破公司在巴西圣保罗市的繁华商业区，采用控制爆破拆除技术成功拆除了一栋32层钢筋混凝土框架结构大楼，周围人员、建筑物完好无损。瑞典Gothenburg（1986年）用80 kg炸药，成功地爆破拆除了一栋10层的宿舍楼。

虽然日本的国民和政府抵制爆破拆除，使爆破拆除起步较晚，但学者们（1987年）对一栋6层钢筋混凝土结构住宅楼进行了比较全面的爆破拆除研究和详细分析；此外，木下雅敬做了壁、梁、柱等构件的爆破拆除试验和倒塌试验；小林茂雄等人还采用不连续变形分析法（DDA）对钢筋混凝土结构爆破拆除进行了研究，此法可以计算不连续面开裂和旋转等大位移的静力和动力问题。而建筑物的失稳倒塌过程可视为结构由连续变形到非连续变形过程的变形问题。

小林茂雄是第一个采用DDA法研究建筑物爆破拆除倒塌的学者，在模型中以块体表示钢筋混凝土，用钢棒代表连接块体的裸露钢筋。在模拟过程中通过改变爆破部位、起爆顺序和延期时间等可获得不同的结构倒塌效果。

K. Katsuyama通过爆破方法拆除了一库房，并进行了DDA数值模拟，模拟结果与高速摄影显示结果符合较好。

此外，日本还有人提出用离散元模型模拟结构爆破拆除的倾倒过程。

S. Kobayashi（1994年）利用爆破方法拆除了一栋钢筋混凝土大楼，他认为爆破拆除成本低、更有效、更安全，并且对设计和施工情况做了详细讨论和深入分析。

我国也做了大量的爆破拆除研究和工程实践，冯叔瑜等学者、中国铁道科学院和工程兵学院很早就依据结构稳定理论对钢筋混凝土框架结构和厂房结构爆破拆除进行了研究，获得了立柱应爆破的最小高度。

铁道部第四设计院提出了折叠式原地坍塌的爆破拆除方案，这种结构爆破拆除方案通过微差爆破来实现，从而降低了结构爆破拆除对场地范围的要求。

中国科学院力学研究所则根据结构构件的内力分析确定需要破坏框架结点的数量、位置和解体的跨度，并建立了结构解体塑性铰模型，计算了爆后构件的运动和逐段解体的延期时间，并且成功地应用于28 m高的钢筋混凝土框架结构的爆破拆除。

卢文波（1992年）提出了小型钢架失稳模型，将承重立柱爆破后的裸露钢筋骨架视作一个小型钢结构，提出了基于结构力学的钢架失稳计算方法，以此确定了立柱的最小破坏高度。另外，对一些结构爆破拆除进行了结构倾倒过程的录像和高速摄影，记录了其倾倒坍塌过程。

贾金河（1999年）对杆系结构的爆破拆除倾倒过程进行了计算机模拟分析。

戴晨等（2001年）运用VC++编制了爆破拆除DDA可视化计算软件，进而对混凝土块体的爆破力学行为进行了模拟。

陈宝心等（2004年）利用ANSYS有限元软件对钢筋混凝土结构楼房的爆破拆除进行了模拟分析，预计了结构中塑性铰出现的位置。

任高峰等(2005 年)利用 ALGORFEAS 有限元软件对钢筋混凝土框架结构爆破拆除进行了数值模拟，分析了框架结构爆破拆除切口高度的合理性和框架结构的稳定性，探讨了定向爆破拆除时框架结构的重心位移及倾覆力矩变化。

刘伟等(2006 年)利用 ANSYS/STRUCTURE 对一栋 7 层框架结构办公楼的逐段爆破拆除进行了静力分析，并采用 ANSYS/LS-DYNA 程序分别对一栋 9 层框架结构楼房和一座双曲线冷却塔爆破拆除的倒塌过程进行了数值模拟分析，数值模拟效果与实际工程接近，论述了利用 ANSYS 模拟建筑物爆破拆除倒塌过程的可行性。

崔晓荣等(2007 年)以某一框架结构办公楼的爆破拆除为例，通过近景摄影测量系统，对该建筑物爆破拆除倒塌过程进行了定量分析，并获得了建筑物倒塌运动过程中位移、转角、平动速度、转动角速度等参数。通过测量数据与建筑物倒塌过程的各受力状态进行对比分析，提出了将建筑物的倒塌过程分为爆破切口形成阶段、自由落体阶段、冲击撞击地面阶段和转动塌落阶段。并在此基础上，对建筑物爆破拆除过程中后座现象的形成过程和机理进行了分析，并探讨了建筑物倒塌过程中的势能、动能和机械能的变化和转化过程。

魏挺峰等(2008 年)应用两体运动动力学方程对框架结构和排架结构爆破拆除中结构的后坐进行了分析研究。

杨国梁等(2009 年)运用有限元分离式模型，分别对 9 层框架结构和 23 层框筒结构爆破拆除的倒塌过程进行了数值模拟研究，指出分离式模型能较好地反映工程实际；同年，杨国梁等还模拟分析了高层框筒结构建筑物的折叠爆破拆除，研究了不同切口高度和延迟时间对倒塌范围和爆堆高度的影响；另外，崔正荣等利用有限元程序 ANSYS/LS-DYNA，采用整体式模型对剪力墙结构原地坍塌爆破拆除过程进行模拟研究，指出模拟的结果与实际情况比较接近。

王铁等(2011 年)利用 ANSYS/LS-DYNA 对高达 84.8 m 的双曲线结构冷却塔的爆破拆除进行了数值模拟分析，其模拟结果同冷却塔的实际倒塌过程吻合较好。

言志信(2011 年、2012 年、2013 年)利用 ANSYS/LS-DYNA 有限元软件，分别采用整体式模型、共用节点分离式模型对不同高层框架结构、框架剪力墙结构的定向爆破拆除进行数值模拟，并与实际工程进行对比研究，发现分离式模型模拟效果更贴近实际，共用结点分离式钢筋混凝土模型能很好地反映钢筋和混凝土材料的力学性能差异。

李祥龙等(2013 年)利用 ANSYS/LS-DYNA 有限元软件，采用 MAT96 和整体式模型对钢筋混凝土框架剪力墙结构定向爆破拆除进行了数值仿真研究，并分析了结构倾倒坍塌的前冲、后坐等。

廖瑜等(2014 年)在预处理的基础上，采用整体式控制爆破拆除方案对华电扬州电厂钢筋混凝土框-排架结构厂房成功地实施了爆破拆除。

张兆龙(2015年)采用微差爆破和预切割等相结合，拆除了复杂环境下钢筋混凝土深基坑支撑梁并取得了满意的爆破效果。

钟元清等(2020年)采用双切口单向折叠一次起爆微差分批倒塌的控制爆破方案拆除4栋未完工的整浇全剪力墙结构高层钢筋混凝土大楼。

我国砌体建筑物的爆破拆除研究，工程经验更加丰富、理论更加成熟。学者们认为：对于砌体结构，除破坏砌体结构中的钢筋混凝土立柱外，还应破坏砖柱和砖墙。铁道科学院根据房屋定向倾倒要求，计算出两堵承重墙必需的破坏高度，根据上部结构冲击解体所必需的重力势能，求得砌体结构解体所需的最小破坏高度，并将该原理运用于砌体砖房的爆破拆除，取得良好效果。何广沂(1988年)提出，为了减小结构刚度、减少爆破钻孔和装药量，爆前采用预处理，即在确保砌体结构安全稳定而不发生倒塌破坏的前提下，可对结构某些部位外纵墙和横墙做预拆除处理，对粗大钢筋混凝土柱采取预切割部分钢筋的处理。这些措施可以大大减少起爆雷管数量，降低起爆网络的复杂性，同时，减少爆破装药量，从而也达到减少爆破公害的目的。

3)高耸筒形结构爆破拆除研究

高耸筒形结构爆破拆除即是在高耸筒形结构的底部炸开一个切口，使其失去平衡，上部筒体在重力矩的作用下定向倾倒，触地破碎而解体。原地坍塌方案难度大，国外的失败教训十分深刻，一般少用。

烟囱、水塔等高耸筒形结构的爆破拆除，一直是研究的热点，相比人工拆除，爆破拆除不但速度快、成本低，而且安全性好，具有极大优势。

国外对高耸筒形结构的拆除起步较早，并较早就完成了大量的高耸筒形结构爆破拆除工程，并进行了相关研究工作。德国鲁尔大学的Stangenberg进行了钢筋混凝土烟囱爆破拆除的试验和数值计算研究，该研究是为了建造一个有关烟囱爆破拆除的专家系统而做准备的，研究从三个方面进行：

(1)全规模现场测试；

(2)小规模的实验室详细研究；

(3)数值计算模型。

英国人(1981年)利用控制爆破技术在南非爆破拆除了一座底部直径为24 m，高36 m以下部分的壁厚为0.96 m，36 m以上部分的壁厚为0.36 m，全高为270 m的烟囱。

我国改革开放几十年来，为适应经济建设的需要，高耸筒形结构爆破拆除得到了高速发展，除非场地特别狭小的通过搭脚手架进行人工拆除外，绝大部分高耸筒形结构采用爆破方法拆除。

许连坡(1985年)在对多个烟囱拆除实践基础上，对烟囱倾倒过程进行了力学分析，他认为烟囱不论是砌体结构烟囱还是钢筋混凝土结构烟囱均可简化为刚体，爆破切口形成后，上部筒体失去平衡而以绕切口与预留筒壁交界处连线为轴做定轴转动。他认为烟囱倾倒条件取决于质心对支点连线的倾角，可忽略初始角速度的影响；烟囱倾倒的转动导致内部出现剪力和弯矩，据此建立起折断前后运动方程和内应力计算公式，当应力超过材料强度极限时，筒体即被折断。

林吉元等(1988 年)对砖砌烟囱的爆破拆除定向倾倒过程进行了高速摄影观测研究，他认为将砖砌烟囱视作刚体以绕切口与预留壁两端相交处连线做定轴转动不符合工程实际。

Huang Jishun 等(1995 年)利用传感器对烟囱倾倒过程中预留壁的复杂变形情况进行了实验研究。

言志信(1996 年、1997 年、2001 年、2002 年)根据力学原理探讨和分析了钢筋混凝土筒形结构定向倾倒爆破拆除的切口高度和切口角度，并系统分析了单一材质筒形结构和钢筋混凝土筒形结构定向倾倒的条件和过程，同时借助工程实例进行了相互印证。

韩秋善等(1997 年)利用数值模拟技术对爆破拆除钢筋混凝土烟囱的过程进行数值模拟的同时，进行了爆破拆除测试及分析。

陈华腾(1998 年)也将筒形结构爆破拆除中筒体的倾倒破坏视为刚体绕定轴转动，而不区分筒形结构是砌体结构还是钢筋混凝土结构。

何军(1998 年)也对筒形结构定向爆破拆除倾倒力学模型进行了探索，并提出了倾倒力学模型，抛弃了绕切口和预留壁两端相交处连线做定轴转动的观点，但未对砖砌筒形结构与钢筋混凝土筒形结构进行区分。

叶国庄(1998 年)在刚体定轴转动的假设下，对爆破后筒体的倾倒过程做了计算机模拟，这是国内期刊较早发表的计算机模拟爆破拆除结构倾倒过程的论文之一。

费鸿禄(2000 年)研究了风载对筒形结构定向爆破倾倒过程的影响。

刘世波(2004 年)利用 ANSYS/LS-DYNA 模拟分析了钢筋混凝土烟囱爆破拆除的定向倾倒过程，以及预留壁破坏过程及其影响因素。

王斌等(2005 年)利用 ANSYS 建立了薄壁筒形建筑物的三维实体模型，并针对矩形切口、正梯形切口、倒梯形切口三种切口形式，计算获得了结构自重引起的切口预留壁的应力状态，认为筒形薄壁建筑物的爆破切口宜选正梯形。

赵根等(2006 年)运用 DDA 模拟了一座高为 100 m 的钢筋混凝土烟囱双向折叠爆破拆除的倾倒过程，模拟结果与实际爆破效果符合较好，证明了运用 DDA 程序对钢筋混凝土烟囱的爆破拆除进行数值模拟可以得到比较符合实际的结果。

郑炳旭等(2007 年)以高 100 m 的钢筋混凝土烟囱顺利实施爆破拆除为例，提出了用多体-离散体动力学分析烟囱倒塌堆积过程。现场观测的烟囱倒塌效果与数值模拟结果接近，证明了用多体-离散体动力学分析烟囱爆破倒塌的正确性。

叶振辉等(2010 年)运用力学原理建立了砖烟囱倒塌的力学模型，并结合数值模拟进行分析研究，且将数值模拟分析结果与砖烟囱实际倒塌过程对比，指出烟囱倒塌过程中的折断多发生在距离地面 1/3 处或 1/2 处。

言志信(2010 年)运用力学原理建立了砖烟囱倒塌的模型，进而利用有限元软件 ANSYS/LS-DYNA 对砖烟囱倒塌过程进行了数值模拟研究，并与砖烟囱的实际倒塌过程进行了对比，理论计算与实际结果吻合很好。

言志信(2011 年)建立了钢筋混凝土烟囱在爆破后的预留壁的应力模型，分析了中性轴的变化规律和决定因素，进而采用共用节点分离式模型，利用 ANSYS/LS-DYNA 有限元软件对钢筋混凝土烟囱倒塌过程进行了数值模拟研究。

谢春明(2012 年)通过建立共用节点分离式分析模型，对钢筋混凝土冷却塔爆破拆除过程进行了三维数值模拟分析，比较了塔体缺口中间有切缝与无切缝 2 种设计方案爆破拆除冷却塔倾倒过程和效果，为其爆破拆除的优化设计和施工提供了重要参考。

孙飞等(2016 年)为获得工程中所用线型聚能切割器较优的结构参数组合，以一座 120 m 高钢结构烟囱爆破拆除为研究背景，研究了聚能射流的影响因素。

于淑宝等(2017 年)根据烟囱周围环境复杂和倒塌空间不足的特点，采取双切口同向折叠爆破拆除方案成功地拆除了热电厂区内 210 m 高的烟囱。

郑桂初等(2019 年)采用根部开设正梯形爆破切口实施定向爆破拆除技术，顺利地拆除了复杂环境下的 180 m 高钢筋混凝土烟囱。

4)爆破拆除研究趋势分析

由上述可见，几十年来，建(构)筑物爆破拆除为适应经济社会发展的需要飞速发展的同时，许多学者结合建(构)筑物爆破拆除工程进行了理论研究和数值模拟分析，尤其是积累了大量的工程实践经验并提炼了一些经验公式。这些研究在建(构)筑物爆破拆除中不断发挥重要作用的同时，成为推动爆破拆除进一步发展的基础和重要支撑。

综合国内外众多学者的研究，针对被拆除建筑物形式多样、结构复杂、体形高大、场地狭小、环保要求高的情况，必须在深入分析基础上，根据建筑结构形式及其特点，结合对结构解体和块度要求，在满足对爆破公害有效控制的前提下，揭示高大建(构)筑物爆破拆除倒塌过程和机理，通过利用多学科知识进行合理设计，并通过精心施工，以达到结构爆破拆除目的，其基本思想是：爆破破坏构件局部，使其成为转动铰、转动带或悬空带，致使结构成为一个几何可变体系并产生倾覆力矩；同时，破坏结构的刚度分布，利用自重或重力矩作用迫使建筑物整体失稳，按要求坍塌。通常采用的结构坍塌方案有原地坍塌、定向倒塌及衍生出来的方案坍塌。

1.2.2.2 水压爆破拆除研究现状

在充满水的建筑物和构筑物中，起爆悬挂在水中的药包，利用水作为传递炸药爆炸所产生动压力的介质以使建筑物或构筑物破坏，且使爆破震动、飞石和爆破噪声受到有效控制的水压爆破，不仅不需要钻孔，而且施工特别简便，同时炸药能量利用率高、效果好、成本低。

Charles、E. Joachim 早已对小药量猛炸药水压爆破进行了试验研究。

朱忠节(1985 年)结合对爆后结构的爆破破碎程度要求，考虑各项经验修正系数来计算爆破装药量。

李铮(1981 年)根据水中爆炸载荷特征与结构的响应关系计算确定了载荷类型，并运用结构动力学理论导出了钢筋混凝土结构水压爆破药量计算公式。

铁道部第四勘察设计院(1982 年)在总结水压爆破实践经验基础上，提出了炸药量与结构物的变形能成正比的药量计算公式，称其为水压爆破的能量公式。

冯叔瑜(1985 年)对长径比较大的柱壳类结构进行了水压爆破研究，采用集中药包和延长药包进行水压爆破对比实验，证明了用延长药包拆除柱壳类结构具有以下优点：①破碎均匀；②破坏范围大，能量利用率高；③安全性好。

王林等(1994 年)对水中冲击波传播规律及在水压爆破中的应用进行了研究，对冲击波的形成和传播规律、气泡的振动和上浮、冲击波在水压爆破中的作用原理及水压爆破参数作了探讨。

金淳圭等(1992 年)、周听清(2000 年)分别对水压爆破参数进行了研究。

言志信等(1996 年、2002 年)结合工程实例，对筒形水池水压爆破拆除的药量计算、布药方式及安全校核等进行了探讨和机理分析。

杨旭升等(2003 年)采用水压爆破拆除钢筋混凝土储水池，探讨了爆破拆除方案、参数、装药及安全防护和爆破效果。

郑长青等(2004 年)采用水压爆破和定向倾倒爆破相结合的技术对钢筋混凝土水塔实施拆除，取得了很好的爆破拆除、水塔解体、降振和防尘效果。

李翠林等(2016 年)通过合理确定爆破方案、预拆除范围、爆破参数并精心施工，利用水压控制爆破技术成功拆除了特殊结构楼房。

孙金山等(2017 年)以武汉沌阳高架桥爆破拆除工程为背景，提出了采用水压爆破破碎多室钢筋混凝土箱梁的方案，并采用动力有限元数值模拟方法模拟了全封闭多室箱梁结构的水压爆破破坏过程，研究了炸药在水中爆炸后诱发的冲击波和爆生气体对箱梁结构的双重作用过程。并且，在对数值模拟与实际爆破效果分析基础上，探讨了箱梁水压爆破方案的药包布置方式、爆破参数和起爆顺序等。

邵珠山等(2018 年)提出水压爆破岩石过程为：水中冲击波的形成及传播、冲击波在水和岩石界面上的反射和透射、应力波在岩体中的传递及衰减、应力波的作用造成岩石破裂 4 个阶段。并通过理论分析得到了冲击波在水中的传播规律、孔壁处冲击压力与不耦合系数的关系、岩石质点位移随质点距爆心距离的变化规律以及岩石在应力波作用下的破裂机理和破裂区的范围。

欧阳作林等(2020年)通过合理确定装药量，并考虑管柱的注水体积和材料强度进行药包布置，采用多段毫秒延时导爆雷管起爆网路，对承重管柱成功地实施了水压爆破拆除。

1.2.2.3 聚能爆破拆除研究现状

聚能装药(Shaped Charge or Cumulative Charge)已广泛用于切割钢板、钢管和钢质薄壁结构拆除。

美国的Dr. Robert、F. Flay (1976年)对线形装药(linear shaped charge)拆除钢结构桥梁进行了详尽、透彻的研究，并且列举了多个大型钢桥(在当时属于世界上最大的)拆除情况。他认为聚能装药拆除钢桥之所以能为人们所接受有两个原因：经济(economics)和安全(Safety)。与其他拆除方法比，聚能装药爆破拆除能准确知道结构被拆除的时刻，而且，速度快、安全是它所特有的；不像通常(人工、机械)拆除方法长期扰民、耗时，属于最不安全行业。

截至1976年，美国Dr. Robert、F. Flay所在的X-Demex公司已拆除各种钢结构超过36个，其中包括纽约繁华商业区Albany横跨Hudson河的当时世界上最大的吊桥。同样采用聚能装药拆除The Black Wanior River大桥，该桥地处Alabama州的Tuscaloosa市区，桥长623英尺*，由三桁架跨和一个吊跨组成，采用约14英镑聚能装药和7英镑导火索于每跨和塔的拆除，拆下的钢总重约为1000 t。据Robert博士统计，这类拆除方法所需成本仅为通常拆除方法(人工、机械)的40%~60%。

日本人Y. Qgata(1997年)对钢结构的聚能装药爆破拆除进行了实验研究和不连续变形分析(DDA)，认为对于钢结构的爆破拆除，控制聚能装药的切割速度和运动是一个重要方面。

在我国，拆船、水下打捞沉船与平台解体作业中已成功应用聚能爆破技术。华东工程学院利用直线“聚能装药”使佛山号沉船解体获得成功，内环聚能切割“渤海2号”钻井平台的合金钢管桩腿，外环聚能切割排除了南海中残留的石油隔水管亦获得成功。这些工程，充分显示出聚能装药在拆除工程中具有作用可靠、操作安全、工效高、应用前景广阔的特征。

北京理工大学对聚能爆破机理进行了较深入、系统的研究，北京科技大学对此也做了一些探索。

恽寿榕等(1986年)通过采用内层为冲压铜罩、外层为金属粉末罩的复合聚能罩装药，取得良好的爆破效果。

易克等(2015年)通过应用数码电子雷管进行起爆延时控制，并进行现场试

---

* 1英尺=0.3048米。

验和数值模拟，对切割器的切割能力、预处理后的结构稳定性及爆破切口的合理性进行模拟分析和方案优化，最终成功地对沈阳市绿岛全钢结构体育馆实施了聚能切割爆破拆除。

孙飞等(2016 年)以一座 120 m 高钢结构烟囱爆破拆除工程为研究背景，为获得该工程中所用线型聚能切割器较优的参数组合，采用正交优化设计的方法，研究了线型聚能切割器主要参数对聚能射流的影响，将优化后的线型聚能切割器应用于实际工程中取得良好效果。

从学者们的研究可以看出，聚能装药切割爆破包括装药爆炸使药型罩压垮和对爆破对象的侵彻或碰撞过程；优化装药爆炸，使药型罩压垮而使能量高度汇聚是整个过程之关键，决定了聚能装药爆破能力的大小，而聚能装药的影响因素很多，需加以综合考虑。

虽然我国一些学者在聚能装药爆破方面的研究已取得不少成果，但聚能爆破在拆除领域中的应用相对落后。随着许多金属结构相继到达使用年限而需要拆除，必将给聚能拆除爆破提供广阔市场。

1.3 编写本书的目的和主要内容

1.3.1 编写本书的目的

在建(构)筑物拆除行业中，控制爆破拆除以其安全、快速、高效、低成本而极具优势成为拆除工程的首选，在城市建设中发挥着极为重要的作用，为旧城改造、推进城市化建设、加速经济发展做出了巨大贡献。然而，正如前面所述，我们现在的爆破拆除理论和技术是在过去被拆建筑物结构相对较简单、高度较小、场地较宽阔，人们环保意识不强的拆除条件下，在归纳总结经验的基础上得到的。面对今天高大的拆除对象、复杂多变的结构形式、狭窄的拆除空间、日益高涨的环保意识，过去的经验已难以满足要求，直接后果是事故频发，纠纷不断，有的城市甚至宁愿花数倍于结构爆破拆除的工程成本，采用别的拆除方法以保绝对安全。

面对结构爆破拆除的现状和各种新型结构构成的巨大的拆除市场，全面而深入地研究和掌握适应目前和未来结构拆除的机理具有重要意义。为此，一方面应对结构爆破拆除机理做深入研究；另一方面，运用过去已证明的行之有效的办法，及时积累和总结新型结构、高大结构成功地实施爆破拆除的经验和失败的教训。这是因为经验公式是特定条件下的产物，只有深入研究其中蕴含的机理，分析结构爆破拆除的倒塌过程，才能抓住本质。同时，积极研究具体结构爆破拆除工程才能对已有的经验公式加以完善，并为往后的同类工程提供借鉴，这一点对结构爆破拆除显得格外重要。爆破公害是与结构爆破拆除伴生的，在人口高度密集的城市显得格外突出，也必须结合工程加以研究，消除了公害的爆破拆除才能不断拓展其市场。

总之，爆破拆除今后发展在于走出过分依赖经验的老路，应在结构分析基础上，做到科学、可控、准确、可预测，从而确保人民生命财产安全，创造好的经济和社会效益。

针对以上所述，本书的主要目的为：

(1)研究爆破过程中力的作用及其变化，以及固体介质爆破破碎机理，优化结构拆除爆破参数；

(2)研究结构爆破拆除倒塌过程，根据结构形式和特点分析其中的力学机理，提出倒塌的力学模型；

(3)结合具体典型工程实例进行全面剖析，验证力学模型的同时为同类工程提供借鉴；

(4)针对爆破拆除中的关键科学技术问题开展研究，揭示其中蕴含的科学规律，实现爆破拆除过程和结果可控、可预测。

1.3.2 本书的主要内容

本书在广泛搜集和深入研究国内外关于爆破拆除相关资料基础上，围绕上述目的，主要进行以下几个方面的研究工作：

(1)探讨了脆性固体介质爆破破碎机理及爆破参数。

(2)研究了楼房结构拆除的倒塌方案，并将其理论用于钢筋混凝土框架定向倾倒爆破拆除。

(3)运用力学原理分析研究，得到单一材质(砖、素混凝土)筒形结构的倾倒条件，揭示了其定向倾倒爆破拆除的物理过程及倒塌运动规律。

(4)分析了钢筋混凝土筒形结构定向倾倒爆破拆除的倒塌过程，得到了倾倒条件，揭示了结构倒塌的力学机理。运用得到的结论，对重庆南滨路巨型低矮大直径钢筋混凝土取水塔成功实施了定向倾倒爆破拆除，并进行了深入系统研究，为同类工程积累了经验。

(5)运用力学原理推导了水压爆破药量计算公式，并探讨了同一水平面多药包水池壁均匀受力破碎应满足的条件。根据得到的结论，拆除复杂结构水池，通过精心布药、底部开创临空面、精心施工等，使爆破拆除取得了极好效果，同时进行了水压爆破结构破坏的机理分析。

(6)构建聚能爆破光学测试系统，利用高速狭缝扫描摄影技术一次成像，将其研究领域从一维拓展到二维，进而摄得并研究了聚能罩内表面的真实速度。而且，采用与 P. C. Chou 相同的假设条件，运用与之不同的数学方法对聚能爆破抛掷角进行了研究，并与实验结果进行了对比。

2 脆性固体介质爆破破碎机理及爆破参数

2.1 引言

爆破是应用最广泛、最频繁的一种破碎脆性固体介质的有效手段。研究在炸药爆炸作用下脆性固体介质的破碎机理，成为一项长期而重要的课题。几百年来，尽管脆性固体介质存在不均质性、各向异性、结构面复杂及工程地质条件和水文地质条件的差异，以及高温、高压、高速等不同的爆炸特性，但通过长期的生产实践和经验总结，并利用高速摄影等测试手段，借助模拟爆破试验和对爆破过程中的脆性固体介质所发生的各种现象(如应力、应变、破裂、飞散等)的观测，世界各国众多学者对此进行了大量的探索并提出了各种理论和学说。本章结合各种结构的脆性固体介质，研究拆除爆破机理、爆破参数、装药量计算。

2.2 脆性固体介质爆破破碎机理

2.2.1 脆性固体介质爆破破碎

爆炸作用下脆性固体介质的破碎机理是一项重要研究课题。几百年来，尽管脆性固体介质的不均质性和各向异性等自然特性，以及爆炸的高温、高压、高速等特性，使爆炸作用下脆性固体介质的破碎机理十分复杂，但人类一定程度上已揭示了脆性固体介质爆破破碎机理。依其基本观点可归纳为三大类：

(1)爆炸气体产物膨胀压力破坏理论

该理论认为，脆性固体介质主要是由于装药空间内爆炸气体产物的压力作用而被破坏的。炸药爆炸时，爆炸气体产物迅速膨胀，气体以极高压力作用于炮眼壁产生压应力场。这种应力引起应变，从而导致应力场内脆性固体介质质点的径向位移，而径向位移又产生径向压应力。如果脆性固体介质的抗拉强度低于此压应力在切向衍生的拉应力，则将产生径向裂隙。当炸药包附近存在自由面时，脆性固体介质位移的阻力在最小抵抗线方向最小且脆性固体介质质点位移速度最高，而在阻力不相等的不同方向上不相等的质点位移速度必然引起剪切应力。如果剪切应力超过该处脆性固体介质的抗剪强度，则脆性固体介质产生剪切破坏。当上述破坏发生时，如果爆炸气体产物还具有足够大的压力，则爆炸气体将推动破碎岩块做径向抛掷运动。

同时认为，炸药爆炸能量中，动能仅占5%～15%，绝大部分能量包含在爆炸气体产物之中；认为脆性固体介质发生破裂和破碎所需时间小于爆炸气体施载于脆性固体介质的时间。因此，脆性固体介质的破碎主要是由爆炸气体产物的膨胀压力引起的。

(2)冲击波引起应力波反射破坏理论

该理论认为，爆破时脆性固体介质的破坏主要是由自由面上应力波反射转变成的拉应力波造成的。爆轰波传播到炮孔壁，在脆性固体介质内引起压应力波，这种应力波遇到自由面时便反射回来成为拉伸应力波，如果该反射拉伸应力波超过该处脆性固体介质抗拉强度，则脆性固体介质便因拉坏而破碎。

脆性固体介质的破碎是由自由面开始逐渐向爆心发展的；冲击波波阵面的压力比爆炸气体产物膨胀压力大得多，而脆性固体介质的抗拉强度比抗压强度低得多，而且在自由面处也确实常常发现片裂、剥落等现象。结论是，爆轰波这种特殊的冲击波所引起的应力波及其反射，乃是脆性固体介质破碎的主要原因。

(3)爆炸气体膨胀压力和冲击波所引起的应力波共同作用理论

该理论认为，爆破时脆性固体介质的破坏是爆炸气体和冲击波共同作用的结果，它们各自在脆性固体介质破坏过程的不同阶段起重要作用。

如前所述，爆轰波传播到装药空间的岩壁时在脆性固体介质表层中迅速衰减成为应力波。这股强烈压缩应力波在药包近区造成脆性固体介质的“压碎”，而在压碎区域之外造成径向裂隙。爆炸气体产物的“气楔作用”使开始发生的裂隙继续向前延伸和使之进一步张开，直到能量的消耗和衰减不足以使脆性固体介质开裂。因此，尽管动能在爆炸总能量中只占百分之几到百分之十几的比率，然而冲击波在使脆性固体介质开始破裂的阶段仍是非常重要的因素。

爆炸气体产物膨胀的准静态能量是破碎脆性固体介质的主要能源，冲击波作用的重要性则同所破坏的介质特性有关。哈努卡也夫认为，不同波阻抗值，所需要的应力波波峰值也不同。波阻抗值较高时，要求有较高的应力波波峰值，此时冲击作用更为重要，脆性固体介质按波阻抗值分为三个区域。

2.2.2 脆性固体介质爆破破碎形式

2.2.2.1 爆破的内部作用

埋置在地表以下很深处的炸药包爆炸时，如果药包威力并不是很大，则地表不会出现明显的破坏，这种作用称为爆破的内部作用。随着至爆源距离的增大，脆性固体介质破坏特征发生明显变化。依破坏特征，脆性固体介质可大致分为三个区域：

(1)压缩区

密闭在装药空间中的药包爆炸时，一般可达到5000～10000 MPa的超高压，其值远远超过被爆脆性固体介质的动抗压强度。装药空间固壁表层受到强烈压缩而形成一个空腔，这个空腔就称为压缩区。此区内脆性固体介质多被压成粉末，因此压缩区又称为粉碎区。

压缩区处于坚固脆性固体介质的约束条件下，动抗压强度增大，可压缩性很差，所以压缩区范围很小，其半径一般不超过药室半径的2倍。

(2)破坏区

炸药包的爆炸能量大部分消耗于脆性固体介质的压缩或粉碎。随着应力波传播范围的不断扩大，脆性固体介质单位面积能量密度下降而应力波在传播过程中急剧衰减，因此，传播到压缩区外围脆性固体介质中的应力波已经低于脆性固体介质的动抗压强度而不再能直接引起脆性固体介质的压碎破坏。虽然如此，其应力值仍然足以引起脆性固体介质的质点径向位移、径向扩张和切向拉伸应变。如果这种切向拉伸应变所引起的拉伸应力值高于此处脆性固体介质的动抗拉强度，那么在脆性固体介质中便会产生径向裂隙。当切向拉伸应力衰减到低于脆性固体介质的动抗拉强度时，裂隙便停止向前发展。

压应力波通过压缩区外层脆性固体介质时，脆性固体介质受到强烈的压缩而储蓄了一部分弹性变形能；应力解除以后，能量释放出来引起脆性固体介质质点的向心运动而产生径向拉伸应力。当拉伸应力值高于脆性固体介质动抗拉强度，脆性固体介质中就产生环状裂隙。

此外，爆轰气体产物的高压也在脆性固体介质中引起压应力。高压气体作用于脆性固体介质持续时间较长，是一种静态或准静态的施载过程。爆轰气体在压缩区以及裂隙网系中不断膨胀，致使气体的压力、温度迅速下降，原先受压缩的岩石中的弹性变形能释放出来，也会造成脆性固体介质生成环状裂隙。

总之，在冲击波和爆轰气体共同作用下，压缩区周围脆性固体介质中形成相互交错的径向裂隙和环状裂隙，脆性固体介质被割裂成为大大小小的碎块。形成破坏区或破碎区。

(3)震动区

在破坏区外围的脆性固体介质中，剩余的爆炸能已经不多，不能造成脆性固体介质的破坏，而只能引起脆性固体介质弹性震动。这个比前两个区大得多的范围，称为震动区。

2.2.2.2 爆破的外部作用

当将集中药包埋置在靠近脆性固体介质表面时，药包的爆破除产生内部的破坏作用以外，还会在介质表面产生破坏作用。介质表面的破坏，根本原因与自由面处应力的入射反射密切相关，其中应力应变过程比较复杂。

(1) 由霍布金逊效应引起破坏

压应力波传播到自由面，一部分或全部反射回来成为同传播方向正好相反的拉应力波，这种效应称为霍布金逊(Hopkinson)效应。由于霍布金逊效应导致脆性固体介质表面成片状裂开，有些研究者把爆破时脆性固体介质的片落当作脆性固体介质破碎的主要过程。片落现象的产生主要同药包的几何形状、药包的大小和入射波的波长有关。对装药量较大的药室爆破来说，产生片落现象的可能性就大；对装药量较小的深孔爆破或炮眼爆破来说，产生片落现象的可能性小。实际上，片落过程并不是破碎的主要过程，而且，在爆破时并非总有片落现象。

(2) 由反射拉伸应力波引起径向裂隙的延伸

当反射拉伸应力波已不足以引起片落时，还能破碎脆性固体介质。从自由面反射回来的拉伸应力波使原先存在于径向裂隙梢上的应力场得到加强，使裂隙继续向前延伸。但使得垂直自由面方向的径向裂隙不但不会张开，反而重新闭合。

2.2.2.3 爆破漏斗

当药包爆破产生外部作用时，在地表会形成一个通常称为爆破漏斗的爆破坑。

在爆破工程中经常使用一个极为重要的指数，称为爆破作用指数 n。它是爆破漏斗底圆半径 r 对最小抵抗线 W 的比值，即：

$$n = \frac{r}{W} \tag{2.1}$$

在最小抵抗线相等的条件下，爆破作用愈强，爆破所形成的漏斗底圆半径愈大；相应地，爆破漏斗内的脆性固体介质的破碎和抛掷作用的强弱也随之增大。

在爆破工程中，常根据爆破作用指数 n 值的不同将爆破漏斗分为下述几种不同类型：

(1) 标准抛掷爆破漏斗　　$n = 1$

(2) 加强抛掷爆破漏斗　　$n > 1$

(3) 减弱抛掷爆破漏斗　　$0.75 < n < 1$

(4) 松动爆破漏斗　　$0 < n < 0.75$

2.2.2.4 利文斯顿理论

美国的利文斯顿(C. W. Livingston)提出了以能量平衡为基础的脆性固体介质爆破破碎的爆破漏斗理论。他认为，炸药包在脆性固体介质内爆炸时传给脆性固体介质的能量和速度，取决于脆性固体介质性质、炸药性能、药包大小和药包埋置深度等因素。在脆性固体介质性质一定的条件下，爆破能量又取决于药包重量；能量释放速度取决于炸药的爆速。若将药包埋置在地表以下很深的地方爆炸，则绝大部分爆炸能量被脆性固体介质吸收；如果将药包逐渐向地表移动并靠近地表爆炸时，传给脆性固体介质的能量比率将逐渐降低，传给空气的能量比率逐渐增高。

利文斯顿根据爆破能量作用效果的不同，将脆性固体介质爆破时的变形和破坏形态分为以下四种类型：

（1）弹性变形

地表下埋置很深的药包的爆破，是爆破的内部作用，爆破时地表脆性固体介质不会破坏，爆炸能量完全消耗于药包附近药室壁的压缩（粉碎）和震动区的弹性变形。如令装药量不变，则当药包埋置深度减小到某一临界值时，地表脆性固体介质开始发生明显破坏，脆性固体介质将片落，相应地，与之对应的药包埋置深度的临界值即为“临界深度”，以下式表示：

$$d = E\sqrt[3]{Q} \tag{2.2}$$

式中：Q 为药包质量（kg）；d 为药包质量为 Q 时的临界深度（m）；E 为应变能系数（$m/kg^{1/3}$）。

可见，临界深度是脆性固体介质表面呈弹性变形状态的上限。

如果脆性固体介质和炸药的性质固定不变，则 Q 值大时 d 值也大，Q 值小时 d 值也小。d 值同 $Q^{1/3}$ 值之比保持一个固定不变的常数，这个常数就是应变能系数 E。相反，当脆性固体介质性质不同时，E 也有不同的值。换用不同的炸药，则应变能系数也随之改变。

（2）冲击破坏

药量不变，埋置深度从临界深度值再进一步减小，则因抵抗线减小，地表脆性固体介质的片落现象更加显著，爆破漏斗体积增大。当药包埋置深度减小到某一界限值时，爆破漏斗体积达到最大值，这时的埋置深度就是冲击破坏状态的上限，称为最适宜深度 d_0。

令所采用的埋置深度 d_c 对临界深度 d 之比为“深度比”，并以 Δ 表示，即

$$\Delta = \frac{d_c}{d} \tag{2.3}$$

那么，由式（2.2）有

$$d_c = \Delta E\sqrt[3]{Q} \tag{2.4}$$

式中：d_c 为药包重心到脆性固体介质表面的距离（埋置深度，m）；Δ 为深度比，无量纲；E 为应变能系数（$m/kg^{1/3}$）。

利文斯顿称式（2.4）为一般方程。

当药包埋置深度为最适宜深度 d_0 时，最适宜深度比为：

$$\Delta_0 = \frac{d_0}{d}$$

通过漏斗爆破试验求出 E 值及 Δ_0 的值，则当现场所用药量 Q 值为已知时，可以利用上式求出最适宜深度 d_0，以此作为最小抵抗线进行爆破即可获得最佳爆破效果。

$$d_0 = d\Delta_0 = \Delta_0 E \sqrt[3]{Q} \tag{2.5}$$

(3)碎化破坏

药包仍然保持不变，药包埋置深度从最适宜深度继续减小，爆破漏斗体积也减小而脆性固体介质碎块的块度更细碎，岩块抛掷距离、空气冲击波和响声更大。当药包埋置深度继续减小到某值时，传播给大气的爆炸能开始超过脆性固体介质吸收的爆炸能。此深度称为转折深度。

脆性固体介质呈碎化破坏状态的下限为最适宜深度，上限为转折深度。在此范围内的爆破都会有或大或小的漏斗生成。

(4)空气中爆炸

药包仍未改变，而药包埋置深度从转折深度值继续减小，则脆性固体介质破碎加剧，碎块抛移更远，声响更大，爆炸能量传给大气的比率更高，而被脆性固体介质吸收部分的比率更低，其下限为转折深度，上限为深度等于零，即药包完全裸露在大气中爆炸。

炸药爆炸能量消耗在以下4个方面：脆性固体介质的弹性变形，脆性固体介质的破碎，脆性固体介质碎块的抛撒，以及响声、地震和空气冲击波。随药量和埋置深度的不同，能量消耗的分配情况也不同。一般消耗在脆性固体介质弹性变形上的能量是不可避免的，消耗在碎块抛移和飞散以及产生空气冲击波、噪音和地震的能量应尽可能避免或减小。

漏斗体积的大小对爆破效果有重要意义。药包埋置深度由大变小时，漏斗体积由小变大。埋置深度为最适宜深度时，漏斗体积达到最大。此后，埋置深度进一步减小，则漏斗体积又逐渐减小。

由爆破漏斗实验可知，漏斗体积 V 是药包埋置深度 d_c 的幂函数，即

$$V = f(d_c^3) = f(d^3\Delta^3) = d^3\Delta^3 \tag{2.6}$$

命 $\Delta^3 = ABC$

则

$$V = ABCd^3 = ABCE^3Q$$

或

$$\frac{V}{Q} = ABCE^3 \tag{2.7}$$

式中：A 为能量利用系数，无量纲，主要由药包埋深决定；当 $d_c = d_0$ 时 $A = 1$，为最大值；B 为脆性固体介质、炸药性质指数，无量纲，与脆性固体介质性质和炸药性质有关；当脆性固体介质和炸药不变时，B 值随药包质量 Q 而变；如果 Q 值也不

变，则进行不同埋置深度的漏斗爆破试验的 B 值等于1；C 为应力分布系数，无量纲，取决于药包形状、炮眼布置方式、装药结构、脆性固体介质构造等因素；药包形状为球状药包时 $C=1$ 为最大值。

利文斯顿称式(2.7)为破碎过程方程。

利文斯顿爆破漏斗理论是建立在一系列实验基础上的，比较贴近实际。

2.2.3 成组药包爆破时破坏的特征

多个药包齐发爆破时，相邻两药包爆轰引起的应力波相遇，并产生相互叠加，沿炮眼联心线的应力得到加强，而炮眼联心线中段两侧附近则出现应力降低区。

应力波和爆轰气体联合作用爆破理论认为，应力波作用于脆性固体介质中的时间虽然极其短暂，然而爆轰气体产物在炮眼中却能较长时间地维持高压状态。在这种准静态压力作用下，在炮眼联心线上的各点上均产生很大的切向拉伸应力。最大应力集中在炮眼联心线同炮眼壁相交处，因而拉伸裂隙首先出现在炮眼壁，然后沿炮眼联心线向外延伸，直至贯通两个炮眼。而由于应力波的叠加作用，在两药包的辐射状应力波作用线成直角相交处产生应力降低区。

因此，适当增大炮眼间距，并相应地减小最小抵抗线，使应力降低区处在脆性固体介质之外的空中，有利于减少大块的产生。此外，相邻两排炮眼的V形布置比矩形布置更为合理，有利于减少大块的产生。

2.3 爆破理论在结构拆除控制爆破中的应用

结构拆除控制爆破中所发生的各种力学现象极为复杂，与一般工程爆破所处环境大不相同，要求苛刻得多；影响因素较多，每项工程几乎均具有挑战性，都必须遵守以下基本原理：

(1)等能原理

如果裂纹表面能用 Φ 表示，则裂纹扩展单位面积所需能量为 2Φ；若炮孔周围脆性固体介质破坏后产生的裂纹表面积为 A，那么，破碎脆性固体介质需总能量为 $2A\Phi$，全部来自单孔炸药装药量 Q (kg)爆炸释放的爆炸能。因此，有

$$2A\Phi = \eta Qq\left(1 - \frac{T_2}{T_1}\right) \tag{2.8}$$

式中：q 为单位炸药的爆热(J/kg)；T_1 为爆炸反应终了瞬间爆炸气体温度(K)；T_2 为爆炸气体膨胀后的温度(K)；η 为爆炸能利用系数。

等能原理亦可简略概括为：根据爆破对象、条件和要求，优选各种爆破参数包括孔径、孔深、孔距、排距和炸药单耗等，并选用合适的炸药品种，合理的装药

结构和起爆方式，使每个炮孔所装炸药爆炸释放出的能量与破碎该孔周围介质所需的最低能量相等，即介质只产生裂缝、破碎松动或允许的近抛掷，而无多余能量造成爆破危害。

(2)微分原理

将欲拆除的某一建筑物爆破所需的总装药量，分散地装入许多个炮眼中，形成多点分散的布药形式，以便采取分段延时起爆，使炸药能量释放的时间分开，从而减少爆破危害和破坏范围，取得好的爆破效果，称之为分散装药的微分原理，即“多打眼、少装药”。

在要求采用等能原理控爆条件下，炸药周围的介质只产生裂缝、原地松动破坏，当一次药量较大且比较集中时，距炸药一定距离范围内的脆性固体介质一般会受到过度的破碎，产生塑性变形和抛掷到远处，此外，还会导致地震波产生，这一方面降低能量的有效利用率，另一方面对环境造成有害影响，而微分原理的应用将使能量得到有效利用，脆性固体介质得到适度破碎，同时保护了环境。因此，微分原理是以等能原理为基础的，将药量微分化从而达到控制爆破的目的。

(3)失稳原理

重视建(构)筑结构和受力分析研究，明确坍塌或倾倒方向，避免损坏周围结构物或其他设施，通过破坏建筑结构的稳定性和平衡条件，以使建筑结构在重力作用下变形以致坍塌，即是说利用炸药破坏建筑结构的承重梁、柱、墙，使之失去稳定条件，在自重作用下变形坍塌或倾斜倒塌，或解体散落，以达到拆毁的目的，这就是失稳原理。

(4)缓冲原理

采用适宜的炸药品种和合理的装药结构，有效降低爆轰波峰值压力对介质的冲击作用，使爆破能量得到合理分配和利用，这一原理称之为缓冲原理。

由上节所述，爆轰波阵面上高压首先使紧靠药包的介质受到强烈压缩，然后，在装药半径2~3倍范围内，由于爆轰压力极大地超过了介质的动态抗压强度，致使该范围内的介质极度粉碎而形成粉碎区。虽然此区范围不大，却消耗了大部分爆炸能量，而且粉碎区内的微细颗粒在气体压力作用下又易将已经开裂的缝隙填充堵死，阻碍爆炸气体进入裂缝，从而减弱了爆轰气体的尖劈效应，缩小了介质的破坏范围和破碎程度，并且，还会造成爆轰气体的积聚，给飞石、空气冲击波、噪音等危害提供能量。因此，粉碎区的出现影响了爆破效果，且不利于安全，应该设法避免。其有效办法是采用与介质阻抗相匹配的炸药、分段装药、条形药包和不耦合装药等形式。

2.4 爆破参数

为了使拆除爆破达到预期的效果，除应对结构进行力学分析外，关键在于抓住结构受力的关键部位，确定好一次起爆规模，并进行科学的炮眼布置和精确的装药量计算等。

2.4.1 最小抵抗线 W

最小抵抗线 W 即是药包中心区至自由面的最短距离；W 应该从安全、经济、利于钻眼、便于清方等方面综合考虑，恰当选取。W 值定得过大，则每炮眼装药量大，药量分布相对集中，从而导致飞石和爆破地震，对安全不利，块度也增大；定得过小，炮眼密集，增加了钻眼工作量，单位体积的耗药量也增大。

W 的大小应根据建筑物几何尺寸、材质强度、有无布筋、清渣装运条件、要求的块度等综合考虑确定，合理的 W 值大致为：

浆砌片石料石 $W = 50 \sim 75$ cm

混凝土 $W = 40 \sim 70$ cm

钢筋混凝土 $W = 35 \sim 55$ cm

但对于矩形截面的梁、柱、墙、板等结构物，它们的宽度小，一般取 $W = B/2$，即沿结构长度方向的中线布眼。

2.4.2 炮眼间距和排距

一个炮眼中心至邻接炮眼中心的距离即为炮眼间距，用 a 表示。脆性固体介质爆破导致的裂缝，其扩展长度约为炮眼直径的 15~20 倍。因此，合适的炮眼间距，可使相邻两炮眼共同发挥效力，促进爆破体均匀破裂破碎。

炮眼间距 a 的大小依据被爆体材质强度、炮眼直径 d、抵抗线 W 及要求的破碎程度综合确定。

炮眼间距与抵抗线 W 的比值称为炮眼密集系数，用 m 表示，即

$$m = \frac{a}{W} \tag{2.9}$$

一般 m 的取值如表 2.1 所示。

m 值选取的原则是：材料强度高则 m 取低值，材料强度低则 m 取高值；W 大则 m 取低值，W 小则 m 取高值。

多排炮孔一次起爆时，排距 b 一般应小于炮孔间距 a，可取

$$b = (0.6 \sim 0.9)a$$

多排炮孔逐排分段起爆时，由于存在前排爆堆的阻碍作用，可取

$$b=(0.9\sim1.0)a$$

表 2.1　炮眼密集系数 m

Table 2.1　Coefficient m of blasting hole density

爆破体材质和爆破要求	m 值
破碎混凝土及钢筋混凝土	1.0~1.8
破碎钢筋混凝土梁、柱及板等矩形截面结构	1.6~2.6
破碎浆砌砖墙及砖柱	2.0~3.6
破碎浆砌片石及料石	1.2~1.8

2.4.3　炮孔直径、深度及方向

拆除爆破一般适宜采用小直径浅眼爆破，炮眼直径为 38~42 mm。

合理的炮孔深度可避免出现冲炮，使炸药能量得到充分利用，以取得好的爆破效果。一般应尽可能避免炮孔方向与药包的最小抵抗线方向平行或重合；同时，应使炮孔深度 l 大于最小抵抗线 W，保证装药堵塞后净堵塞长度 $l_1(1.1\sim1.2)W$。在其他条件不矛盾的前提下，应适当增大孔深，因为炮孔越深，钻爆效果越好，不但可缩短每延米的平均钻孔时间，而且可以提高炮孔利用率和增加爆破方量，在确保孔深 $l>W$ 的前提下，孔深选取如下：

爆破体底部为临空面　　$l=(0.6\sim0.75)H$

设计断裂面有明显裂缝或施工缝等　　$l=(0.7\sim0.85)H$

设计断裂面为变截面部位　　$l=(0.85\sim0.95)H$

断裂面为匀质、等截面部位　　$l=(0.95\sim1.0)H$

炮眼分为水平炮眼、垂直炮眼和倾斜炮眼 3 种，需综合考虑爆破效果、钻眼、装药、堵塞及经济效益等因素确定。

2.4.4　炮眼的排列和装药分布

爆破破碎应力求碎块均匀，便于清理。要求装药在爆破体中均匀分布，而不过于集中，因此，除合理排列炮眼外，还应使装药分布合理。

常用的炮眼排列方式分方格形和梅花形两种，在排距较小而炮眼间距较大时，采用梅花形布孔，则装药在爆破体中分布相对均匀，对均匀破碎更为有利。

在较深的炮孔中，为使药量均匀分布，避免能量过分集中，以有利于防止飞石和过多地产生大块，同时降低地震效应，宜采用分层装药并合理分配不同层药量的比例：

(1)一般短炮眼，装药量少，制成一个药包置于眼底。

(2)炮眼深度 $l>(1.6\sim2.5)W$ 时，分两层间隔装药，底部装60%，上部装40%，合理堵塞。

(3)炮眼深度 $l>(2.6\sim3.6)W$ 时，分三层间隔装药，底部装40%，中部和上部各为30%。

同时，还可以考虑采用小直径药卷装药，以达到理想的均匀破碎效果。

2.4.5 药量计算公式

单孔装药量是控制爆破中的最主要参数，直接影响着爆破效果。装药过多，就会产生和普通爆破一样的飞石，而药装过少，爆破后就容易产生大块或导致爆破完全失败，这种情况如果发生在楼房、烟囱、水塔等高大建筑物的爆破拆除中，将形成结构欲倒不倒的十分危险状况，处理起来十分困难。

单孔装药量计算公式：

(1)
$$Q = 0.35k_{B}k_{n}k_{\delta}k_{\sigma}W^{3} \tag{2.10}$$

式中：k_{B} 为破坏程度系数。松动、预裂、切割爆破时取 $k_{B}=0.8\sim1.0$；碎块散离爆位时取 $k_{B}=2\sim3$。k_n 为临空面系数，见表2.2。k_δ 为爆破厚度修正系数，当爆破厚度 $B<0.8$ m时，取 $k_\delta=0.9/B$；当 $B\geqslant0.8$ m时，取 $k_\delta=1$。k_σ 为材料的抗拉系数，见表2.3。

表2.2 临空面修正系数 k_n

Table 2.2 Modification coefficient k_n of sky-facing side

临空面个数	1	2	3	4	5	6
k_n	1.0	1.0	0.66	0.5	0.4	0.25

表2.3 材料抗拉系数 k_σ

Table 2.3 Resistance coefficient k_σ of material

材料名称	k_σ
石灰砂浆砌的砖墙	0.74~1.0
水泥砂浆砌的砖墙	1.2
混凝土(200#~500#)	1.5~1.8
钢筋混凝土	5.0~20.0

(2)
$$Q = kl \tag{2.11}$$
$$k = k_c k_t k_z k_p = k_L H$$
式中：k_c、k_t、k_z、k_p、k_L 的值分别参见表2.4~表2.8。

表2.4　被爆体材质系数 k_c 值

Table 2.4　Value of the material coefficient k_c of the blasted body

混凝土		钢筋混凝土		砌石		硬岩		
质差	质优	筋稀	粗密	有空隙	密实	软岩	中硬岩	硬岩
0.75~0.95	1.0	1.1~1.4	1.5~2.0	0.8~1.2	0.7~0.8	0.95~1.05	1.1~1.4	1.5~1.8

表2.5　结构特征系数 k_t 取值

Table 2.5　Value of structural characters coefficient k_t

被爆体类型(见表附图)	Ⅰ	Ⅱ		Ⅲ	Ⅳ		Ⅴ
		$1/W<1$	$1/W\geq1$		W 0.1~0.5	W 0.6~1.0	
k_t	0.75~1.1	0.8~1.0	1.0~1.2	0.7~1.0	0.8~1.2	1.2~1.5	0.9~1.1

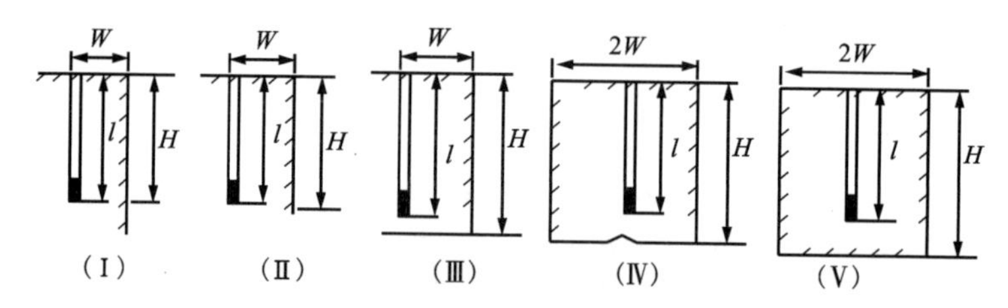

被爆体类型

Types of blasted bodies

表2.6　自由面系数 k_z 值

Table 2.6　Value of the free surface coefficient k_z

自由面系数	被爆体类型(表2.5附图)					其他
	Ⅰ	Ⅱ	Ⅲ	Ⅳ	Ⅴ	
1	1.05~1.2	1.05~1.2	1.05~1.2	—	—	1.0
2	1.0	1.0	1.0	—	1.05~1.15	0.8~0.9
3	0.8~0.9	0.85~0.9	0.8~0.9	1.0	1.0	0.65~0.75
4	0.70~0.8	0.75~0.8	0.7~0.8	0.85~0.9	0.35~0.9	0.5~0.6
5	—	—	—	0.7~0.8	0.75~0.85	0.4~0.5
6	—	—	—	—	0.65~0.75	0.25~0.35

表 2.7 破碎程度系数 k_p 值

Table 2.7 Value of the broken degree coefficient k_p

破碎程度	松动裂缝	张开裂缝	粉碎裂缝	破碎抛离
混凝土	0.6~0.8	0.8~1.2	1.2~1.6	1.6~2.2
钢筋混凝土	0.8~1.1	1.1~1.5	1.5~2.0	2.0~2.5
砌石	0.6~0.8	0.8~1.3	1.3~1.7	1.7~2.3
岩石	0.8~1.0	1.0~1.4	1.4~1.8	1.8~2.4

表 2.8 边界条件系数 k_L

Table 2.8 Boundary condition coefficient k_L

序号	边界条件	k_L
1	被爆体底部有自由面或断裂层	0.6~0.75
2	设计爆裂在施工或裂缝接缝上	0.7~0.85
3	设计爆裂面在变截面交界处	0.85~0.95
4	设计爆裂面在等截面中	0.95~1.0

(3)
$$Q = KBaH \tag{2.12}$$
式中：Q 为单孔装药量(g)；K 为单位装药量系数，如表 2.9 所示；B 为爆破体的宽度或厚度(m)；a 为炮孔间距(m)；H 为爆破体的爆破高度(m)。

表 2.9 单位装药量系数及单位耗药量

Table 2.9 Coefficient of unit charging quantity and unit consuming quantity

建筑物名称及材质	W/cm	$K/(\mathrm{g\cdot m^{-3}})$			单位耗药量
		一个自由面	二个自由面	多个自由面	
砼圬工强度较低	30~50	150~180	120~150	100~120	90~110
砼圬工强度较高	35~50	180~220	150~180	120~150	110~140
砼桥墩及桥台	40~60	250~300	200~250	150~200	150~200
砼公路路面	45~50	300~360			220~280
钢筋砼桥墩及台帽	35~40	440~500	360~440		280~360

续表

建筑物名称及材质		W/cm	K/(g·m^{-3})			单位耗药量
			一个自由面	二个自由面	多个自由面	
钢筋砼铁路桥、梁		30~40		480~550	400~480	400~460
浆砌片石或料石		50~70	400~500	300~400		240~300
浆砌砖墙	厚约 37 cm	18.5	1200~1400	1000~1200		850~1000
	厚约 50 cm	25	950~1100	800~950		700~800
	厚约 63 cm	31.5	700~800	600~700		500~600
	厚约 75 cm	37.5	500~600	400~500		330~430

(4)
$$Q = (q_1 A + q_2 V) f \tag{2.13}$$
式中：Q 为单孔装药量(g)；A 为爆破体被爆裂的剪切面积(m^2)，$A=WH$；V 为爆破体被破碎的体积(m^3)，$V=WHa$；W 为抵抗线(m)；a 为炮眼间距(m)；q_1 为单位剪切面积用药量(g/m^2)，见表 2.10；q_2 为单位破碎体体积用药量(g/m^3)，见表 2.10；f 为炮眼所在位置的临空面情况，简称定位系数，见表 2.11。

表 2.10 q_1 和 q_2 数值表

Table 2.10 q_1 value and q_2 value

材料分类	q_1 /(g·m^{-2})	C_1	q_2 /(g·m^{-3})	适用范围
混凝土或钢筋混凝土	150	13~16	(13~160)/W	不厚的条形截面，要求严格控制碎块抛出
混凝土	150	20~25	(20~25)/W	混凝土破碎，小碎块个别散落在 5~10 m 内
一般布筋的钢筋混凝土	150	26~32	(26~32)/W	混凝土破碎，脱离钢筋，个别碎块抛落在 5~10 m 内
布筋粗密的钢筋混凝土	150	35~45	(35~45)/W	混凝土破碎，剥离钢筋，个别碎块抛落在 10~15 m 内
重型布筋的钢筋混凝土	150	50~70	(50~70)/W	混凝土破碎，主筋变形或个别断开，少量碎块飞散在 10~20 m 内，应注意防护
浆砌砖体	100	35~45	(35~45)/W	砌体破裂塌散，少量碎块抛落在 10~15 m 内

表 2.11 定位系数 f 值

Table 2.11 Value of positional coefficient f

炮眼所在位置	f
一个自由面	1.15
二个自由面	1.00
三个自由面	0.85
四个或多个自由面	0.75

3 爆破拆除数值模拟方法

3.1 引言

爆破拆除工程自身不可重复性的特点决定了对每个爆破拆除工程进行实际试验是不可能的，而计算机模拟技术的发展为研究、设计及预测建(构)筑物爆破拆除效果提供了新的方法和手段。

数值模拟技术在爆破方面的应用始于20世纪50年代，最初应用在矿山的爆破工程中。利用数值模拟技术进行爆破拆除研究虽然起步较晚，但是发展迅速，现已成为一个研究热点被国内外学者们所重视。

本章将探讨数值模拟方法及其在建(构)筑物爆破拆除研究中的应用。计算机数值模拟的优越性主要体现在以下几个方面：

(1)数值模拟本身可以看作是一种基本试验，它不仅免除了高昂的试验费用，还能比实际试验对问题的认识更加细致、更加深刻，不但可以看到研究的结果，而且可以动态地、反复地显示事物的发展过程；

(2)数值模拟可促进试验的发展，为科学地设计和制定试验方案提供理论指导；

(3)数值模拟方法不仅可以直观地显示现阶段难以观测到的一些实验和工程现象，让人容易理解和分析，还能显示出发生在结构内部的一些现象，而这些现象往往是各种实验都无法观测到的。如混凝土中钢筋的应力，爆炸波在介质中的传播过程及地下结构的破坏过程等；

(4)虽然大型数值模拟软件系统的研制需要耗费大量的经费与人力，但相比试验，数值模拟软件不仅可以拷贝移植和重复利用，而且可以通过修改来满足不同情况的需求。可谓是一次投资，长期受益。

3.2 数值模拟方法的选择

建筑物爆破拆除过程中所涉及的问题十分复杂，运用数值分析的方法进行研究不可缺少，但不同的数值分析方法用在同一个研究领域内取得的效果也是不一样的。选择采用哪种数值分析方法，将直接影响到研究成果的好坏。因而对主要数值分析方法进行比较是必要的。

3.2.1 离散元法

离散元法(简称 DEM)是 20 世纪 70 年代初由 Cundall 提出的，其基本思想是：将不连续体分离成刚性元素的集合，使各个刚性元素均满足运动方程，然后利用时间步迭代法求解各个刚性元素的运动方程，进而求得不连续体整体的运动形态。

在岩土力学计算中，由于离散元法能更真实地表达有节理的岩体的几何特点，便于处理各种非线性变形问题，以及集中于岩体节理面破坏问题，因而，离散元法特别适用于模拟边坡滑坡和节理岩体等的应力分析和计算。但这种方法的缺点是：需要了解研究范围内岩体裂隙系统的情况，否则计算过程中的块体的划分不能够与实际相符，将影响计算结果的准确性。

3.2.2 不连续变形分析法

不连续变形分析法(简称 DDA)是石根华基于岩体介质非连续性提出的一种用于分析求解不连续介质系统运动、变形及内力分布的一种数值计算方法。

DDA 的基本理论是：根据实际岩体的结构面，将研究对象分成不同的块体单元，块体的运动由刚体位移和转角组成，其变形由正应变与剪切应变组成，以各个块体的位移作为未知量，通过块体与块体之间的接触和几何约束条件形成一个块体系统，基于最小势能原理建立总体平衡方程，全部块体单元同步进行求解。块体单元会受到不连续面的控制，在块体运动过程中单元与单元之间可接触也可分离，块体与块体之间不侵入也不承受拉伸力。

不连续变形分析法的主要特点是：完全的运动学及其数值可靠性；完全一阶近似；严格的平衡要求；正确的能量守恒。但是它在分析的过程中不考虑具体结构形式的力学性能，而是采用单一均质材料的方法来确定单元特性，且不连续变形分析法是一种隐式方法，可视化方面比较欠缺。

3.2.3 数值流形方法

数值流形方法(简称 NMM)是利用现代数学中“流形”的有限覆盖技术建立起来的一种数值分析方法，由石根华博士率先提出。

目前，数值流形方法已经在岩土工程分析中得到广泛应用。由于数值流形方法在计算过程中采用有限覆盖体系，在计算结构或材料的位移与变形等方面具有明显的优势，因而在这类问题中也得到了广泛的应用。并且该方法同时吸收了有限元法和不连续变形分析法的优点，是在两者基础上发展起来的一种数值分析方法，尤其是对材料破坏后块体运动的模拟方面，能够很好地模拟块体破碎后的飞散过程，这一重大进展对以连续介质为基础的有限元法来说是一个重大突破，克服了在利用有限元法计算时不能模拟破碎后块体运动等现象的不足。

然而，由于数值流形方法提出的时间不长，应用范围不像有限元法那样广泛和普遍。

3.2.4 有限元法

对于复杂问题是不可能求得各种状态变量(一般为连续函数)的解析解的，而有限元法为复杂问题的求解提供了可能。有限元法最基本的思想是用较简单的问题代替复杂的问题、用有限的相互连接的单元来代替原来连续的介质，进而求解。有限元的基本构成是节点和单元，物体被离散成单元后，通过对各个单元的分析，最终得到对整个物体的分析和求解。

有限元法分析的一般步骤：

(1)进行物体的离散化，将所分析的物体或结构分割成有限的单元体，使相邻单元仅在节点处相互连接，分析对象由单元结合体代替原有物体或结构；

(2)进行单元分析，求得单元节点位移与节点力的关系，计算单元刚度矩阵；

(3)以节点为隔离体建立平衡方程，通过集合单元刚度矩阵为整体刚度矩阵来完成；

(4)施加荷载，如果是非节点荷载可以由静力平衡条件转化为节点荷载；

(5)引入边界条件；

(6)求解方程，求得节点位移；

(7)对每一单元循环，由单元节点位移通过单元刚度矩阵求得单元应力。

利用有限元法即用简单的问题代替复杂的实际问题，因而所得到的解不是准确解，而是近似解。由于大多数实际问题难以得到准确解，而有限元法不仅计算精度高，而且能适应各种复杂问题，因而是行之有效的工程分析手段。

总的说来，各种数值分析方法都各有其优越性和局限性，而其中的有限元法不论是理论还是应用，均已经发展得比较完善和成熟，尤其是在结构工程中具有不可或缺的地位。因此，本文将运用有限元分析方法进行数值模拟分析研究。

目前，有限元软件主要有 COSMOS、MARC、ABAQUS、ADINA 和 ANSYS 等，而应用在爆破拆除上的主要有 ABAQUS、ANSYS 等软件。在模拟建筑物倒塌方面，ANSYS/STRUCTURE 的静态分析及 ANSYS/LS-DYNA 的动态分析都得到了广泛的应用，故本文将使用 ANSYS/LS-DYNA 软件模拟钢筋混凝土高层结构的爆破拆除。

3.3 ANSYS/LS-DYNA 概述

3.3.1 ANSYS/LS-DYNA 的发展历程

1976 年，J. O. Hallquist 博士在美国劳伦斯利弗莫尔国家实验室主持开发完成了最初的 DYNA 程序，当时开发此程序的主要目的在于为核弹头的设计提供分析工具。该程序的时间积分采用中心差分格式，主要用于求解三维非弹性结构在高速碰撞、爆炸冲击下的大变形动力行为。

1988 年，J. O. Hallquist 博士创建了 LSTC 公司，并将 DYNA 程序更名为 LS-DYNA。LSTC 公司在 1993 年至 1997 年间继续扩充和改进 LS-DYNA 程序并陆续推出了 930 版、936 版、940 版，使得 DYNA 程序的应用范围扩大。由于 LS-DYNA 的计算功能强大，1996 年 ANSYS 公司与 LSTC 公司合作推出了 ANSYS/LS-DYNA 程序，并在以后 ANSYS 的每个版本中，都整合了 LS-DYNA 的新功能。用户可以充分利用 ANSYS 的前后处理，如此，大大增强了 LS-DYNA 的分析能力。此后 LSTC 公司不断改进和增加 LS-DYNA 的功能，并不断推出新的版本。

3.3.2 ANSYS/LS-DYNA 的特点

ANSYS/LS-DYNA 是世界上著名的基于有限元法的通用显式非线性动力分析程序。该程序能够模拟各种复杂的几何非线性、材料非线性和接触非线性问题，特别适合用于求解各种 2D 及 3D 非线性结构的碰撞、爆炸和金属成形等非线性动力问题，同时也可以对传热、流体及固流耦合问题进行求解。它计算的可靠性已经被无数次试验所证明，因此在工程应用领域被广泛认可为最佳的分析软件。其特点主要包括以下方面：

(1)分析能力强大。具有非线性动力学分析、多刚体动力学分析、热分析、流体分析、结构-热偶合分析、有限元-多刚体动力学耦合分析、多物理场耦合分析、失效分析、裂纹扩展分析以及并行处理等。

(2)易用的单元库。目前 ANSYS/LS-DYNA 的单元库中包括：三维杆单元(LINK160)、三维梁单元、薄壳单元、实体单元、弹簧阻尼单元、质量单元、缆单元和十节点四面体单元。而且每种单元类型有几种不同的算法可供选择，每种单元可以用于几乎所有的材料模型。

(3)丰富的材料模型库。目前 ANSYS/LS-DYNA 拥有近两百种金属和非金属材料模型，同时还支持用户自定义材料。

(4)充足的接触方式。ANSYS/LS-DYNA 程序中有五十多种接触分析方式可供选择，这使得该软件不仅可以求解各种单元体之间的接触问题，而且可以分析接触表面的静、动力摩擦，固连失效等问题。

(5)自适应网格划分功能。该功能通常用于金属成形和高速撞击分析中等大变形情况，ANSYS/LS-DYNA 程序可以在分析过程中自动重新划分表面网格，使弯曲变形严重的区域皱纹更加清晰准确，以达到改善求解精度的目的。

(6)强大的软、硬件平台支持。ANSYS/LS-DYNA 支持几乎所有类型的工作站和操作平台，并支持并行运算，可以针对不同的系统进行并行运算处理。

3.4 ANSYS/LS-DYNA 算法基础

3.4.1 ANSYS/LS-DYNA 的控制方程

LS-DYNA 程序的主要算法采用拉格朗日描述增量法。这种方法的主要优点是能够非常精确地描述结构边界的运动，但当处理大变形问题时，由于算法本身特点的限制，将会出现严重的网格畸变现象。

拉格朗日法可以分为更新拉格朗日格式和完全拉格朗日格式两大类。它们都是使用拉格朗日格式描述。

(1)更新拉格朗日格式

在更新拉格朗日格式中，取现时构形为参考构形，虚功方程的积分是在现时构形上进行的，物理量都是对空间坐标求导数的。其控制方程为：

质量守恒：

$$\rho(X,\ t)J(X,\ t)=\rho_0(X) \tag{3.1}$$

动量方程：

$$\frac{\partial\sigma_{ji}}{\partial x_j}+\rho b_i=\rho\ddot{u}_i \tag{3.2}$$

能量方程：

$$\rho(\dot{w})^{\text{int}}=D_{ij}\sigma_{ij} \tag{3.3}$$

本构关系：

$$\sigma^{\nabla}=\sigma^{\nabla}(D_{ij},\ \sigma_{ij},\ \cdots) \tag{3.4}$$

变形率：

$$D_{ij}=\frac{1}{2}\left(\frac{\partial v_i}{\partial x_j}+\frac{\partial v_j}{\partial x_i}\right) \tag{3.5}$$

边界条件：

$$\begin{cases}(n_j\sigma_{ji})\big|_{A_t}=\bar{t}_i\\ v_i\big|_{A_v}=\bar{v}_i\end{cases} \tag{3.6}$$

初始条件：

$$\dot{u}(X,0)=\dot{u}_0(X),\ u(X,0)=u_0(X)$$

式中：A_v 为现时构形中的指定速度边界；A_t 为现时构形中的指定面力边界。

(2)完全拉格朗日格式

在完全拉格朗日格式中，取初始构形为参考构形，虚功方程的积分是在初始构形上进行的，物理量也都是对物质坐标进行求导的。其控制方程为：

质量守恒：

$$\rho J=\rho_0 \tag{3.7}$$

动量方程：

$$\rho_0\ddot{u}_i=\frac{\partial\sum\sigma_{ji}}{\partial X_j}+\rho_0 b_i \tag{3.8}$$

能量方程：

$$\rho_0(\dot{w})^{\text{int}}=\dot{F}_{ik}\sum D_{ki} \tag{3.9}$$

本构关系：

$$S=S(E,\ \cdots) \tag{3.10}$$

变形率：

$$E_{ij}=\frac{1}{2}\left(\frac{\partial x_k}{\partial X_i}\frac{\partial x_k}{\partial X_j}-\delta_{ij}\right) \tag{3.11}$$

边界条件：

$$\begin{cases}\left(\sum\sigma_{ji}N_j\right)\Big|_{A_t^0}=(\bar{t}_i)^0\\ u_i\Big|_{A_u^0}=(\bar{u}_i)^0\end{cases} \tag{3.12}$$

初始条件：

$$\dot{u}(X,0)=\dot{u}_0(X),\ u(X,0)=u_0(X)$$

其中，A_t^0 为初始构形中的指定面力边界；A_u^0 为初始构形中的指定位移边界。

3.4.2 ANSYS/LS-DYNA 求解方式

LS-DYNA 是一个以显式求解为主，兼顾隐式求解的非线性动力有限元分析程序。

拉格朗日运动微分方程为：

$$M\ddot{a}-f=0 \tag{3.13}$$

式中：$f=f^{\text{ext}}-f^{\text{int}}$。节点内力 f^{int} 和节点外力 f^{ext} 既可以使用更新的拉格朗日格式，也可以使用完全拉格朗日格式进行计算。

(1)隐式求解

结构动力学问题主要使用隐式方法求解，Newmark β 法是常用的隐式求解积分方法。时刻 t^{n+1} 的位移和速度近似表示为：

$$a^{n+1} = (\tilde{a})^n + \beta\Delta t^2(\ddot{a})^{n+1} \tag{3.14}$$

$$(\dot{a})^{n+1} = (\tilde{\dot{a}})^n + \gamma\Delta t(\ddot{a})^{n+1} \tag{3.15}$$

其中的 $\Delta t=t^{n+1}-t^n$，β 和 γ 为积分常数。

由式(3.14)可以解出时刻 t^{n+1} 的加速度：

$$(\ddot{a})^{n+1} = \frac{1}{\beta\Delta t^2}[a^{n+1} - (\tilde{a})^n] \tag{3.16}$$

将上式代入 $t+\Delta t$ 时刻的运动微分方程式(3.13)中，即可得到一组关于时刻 t^{n+1} 的节点位移 a^{n+1} 的非线性代数方程组：

$$r(a^{n+1},\ t^{n+1}) = \frac{1}{\beta\Delta t^2}M[a^{n+1} - (\tilde{a})^n] - f(a^{n+1},\ t^{n+1}) = 0 \tag{3.17}$$

式中：$f(a^{n+1},\ t^{n+1}) = f^{\text{ext}}(a^{n+1},\ t^{n+1}) - f^{\text{int}}(a^{n+1},\ t^{n+1}) = 0$。如果不考虑惯性的影响，上式(3.17)即为静力问题：

$$r(a^{n+1},\ t^{n+1}) = f(a^{n+1},\ t^{n+1}) = 0 \tag{3.18}$$

然后运用牛顿迭代算法求解上述非线性代数方程组。

(2)显式求解

在分析高速动力学问题、复杂接触问题、高度非线性准静态问题及材料失效和破坏等问题时，一般宜采用显式方法求解。而显式时间积分采用的是中心差分法。

假定时刻 0，t^1，t^2，…，t^n 的位移、速度和加速度均为已知，现要求 t^{n+1} 时刻的解，$t^{n+1/2}$ 时刻的速度 $(\dot{a})^{n+1/2}$ 和 t^n 时刻的加速度 $(\ddot{a})^n$ 分别近似为：

$$(\dot{a})^{n+1/2} = \frac{a^{n+1} - a^n}{t^{n+1} - t^n} = \frac{1}{\Delta t^{n+1/2}}(a^{n+1} - a^n) \tag{3.19}$$

$$(\ddot{a})^n = \frac{(\dot{a})^{n+1/2} - (\dot{a})^{n-1/2}}{t^{n+1/2} - t^{n-1/2}} = \frac{1}{\Delta t^n}[(\dot{a})^{n+1/2} - (\dot{a})^{n-1/2}] \tag{3.20}$$

其中，$\Delta t^{n+1/2}=t^{n+1}-t^n$，$\Delta t^n=t^{n+1/2}-t^{n-1/2}=\frac{1}{2}(\Delta t^{n-1/2}+\Delta t^{n+1/2})$，如图 3.1 所示。$a^{n+1}$ 和 a^n 分别表示 t^{n+1} 和 t^n 时刻的位移，$(\dot{a})^{n-1/2}$ 表示 $t^{n-1/2}$ 时刻的速度。

式(3.19)和式(3.20)可以分别写成积分形式：

$$a^{n+1} = a^n + \Delta t^{n+1/2}(\dot{a})^{n+1/2} \tag{3.21}$$

$$(\dot{a})^{n+1/2} = (\dot{a})^{n-1/2} + \Delta t^n(\ddot{a})^n \tag{3.22}$$

由式(3.13)可得 t^n 时刻的运动方程为：

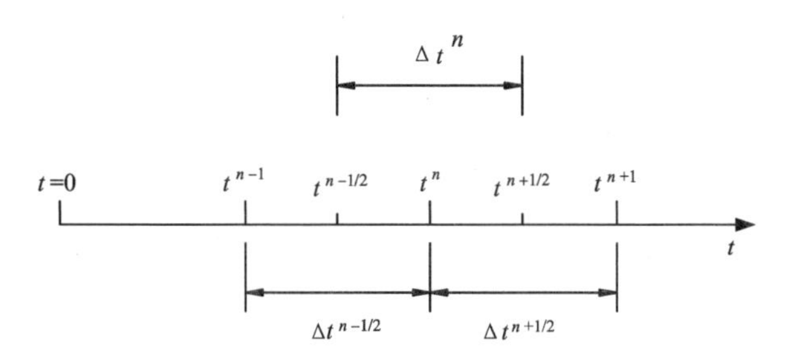

图 3.1 显式时间积分

Fig 3.1 Explicit time integration

$$M(\ddot{a})^n = f^n = f^{\text{ext}}(a^n, t^n) - f^{\text{int}}(a^n, t^n) \tag{3.23}$$

结点内力和结点外力矢量都是节点位移和时间的函数。由上式求得 t^n 时刻的加速度为$(\ddot{a})^n$，代入式(3.22)可得到 $t^{n+1/2}$ 时刻的速度：

$$(\dot{a})^{n+1/2} = (\dot{a})^{n-1/2} + \Delta t^n M^{-1} f^n \tag{3.24}$$

然后由式(3.21)可以得到 t^{n+1} 时刻的位移 a^{n+1}。

在中心差分法中，如果质量矩阵 M 是对角阵，则在求各时刻的解时不需要进行矩阵的求逆运算，效率很高。但中心差分法是条件稳定算法，其时间步长 Δt 必须小于临界步长 Δt_{cr}，一般取

$$\Delta t = \alpha \Delta t_{cr},\ \Delta t_{cr} = \frac{T_{\min}}{\pi} = \min_e \frac{T_{\min}^e}{\pi} = \min_e \frac{l_e}{c_e} \tag{3.25}$$

式中，α 是一个常数，一般可取为 $0.8 \leqslant \alpha \leqslant 0.98$，也就满足了 Δt 小于 Δt_{cr}；$T_{\min}$ 是系统的最小周期，$T_{\min}^e$ 是单元 e 的最小周期；c_e 为单元中的声速，对于弹性材料有 $c_e = \sqrt{E(1-v)/[(1+v)(1-2v)\rho]}$；$l_e$ 为单元 e 的特征长度，对杆单元和梁单元 l_e 等于单元的长度 L，对 8 节点实体单元 l_e 等于单元体积 V_e 和单元的 6 个表面积的最大面积 A_{emax} 之比，而对于 4 节点实体单元 l_e 等于单元的最小高度。

在冲击和爆炸等问题中，由于单元的变形大，临界时间步长将不断减小。在 ANSYS/LS-DYNA 中，如果计算的时间步长太小，会增加计算时间。此时需采用例如质量缩放和子循环技术来提高积分的临界时间步长，达到减小计算量的目的。

3.4.3 人工体积黏性和沙漏模态

(1)人工体积黏性

如果材料的声速随着压力的增加而增大，光滑的压力波将逐步变陡，最终以不连续扰动的形式传播，称为冲击波(shock wave)，如图 3.2 所示。冲击波导致

压力、密度、质点速度和能量等在波阵面前后发生突变，即冲击突跃，给运动微分方程的求解带来很大的困难。冲击突跃条件可以由波阵面前后的动量守恒、质量守恒以及能量守恒导出，称为 Rankine-Hugoniot 突跃条件。

Von Neumann 和 Richtmyer 于 1950 年提出用人工体积黏性(artificial bulk viscosity)的方法来克服该困难。在该方法中，通过在压力项中加上一项人工体积黏性力项 q，把应力波的强间断面模糊成在一个相当狭窄的过渡区域内急剧然而连续变化的波阵面，如图 3.3 所示，Hugoniot 突跃条件在这个狭窄的区域的前后均满足。无数次数值实验表明，该方法的精度很高，因此被用于几乎所有求解波传播问题的程序中。

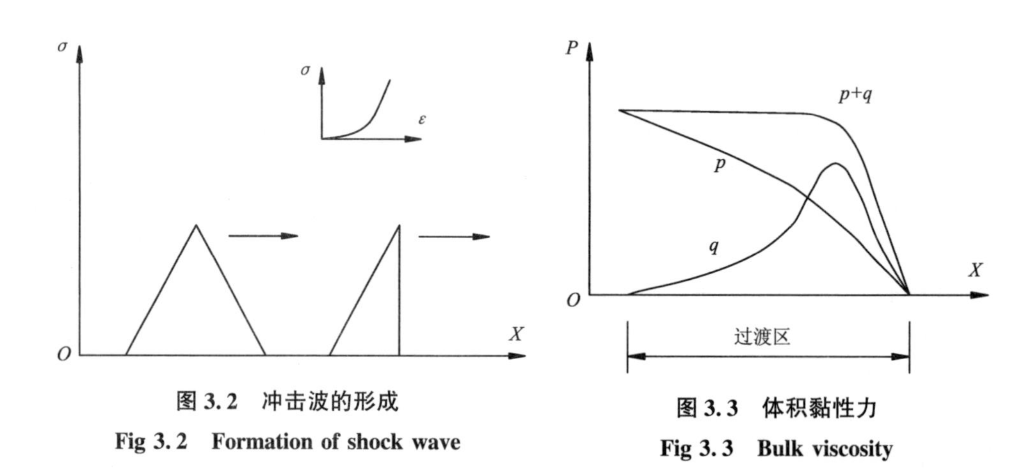

图 3.2　冲击波的形成

Fig 3.2　Formation of shock wave

图 3.3　体积黏性力

Fig 3.3　Bulk viscosity

在这里人为加入的黏性项只起到将应力波间断面光滑化的作用，基本上不影响过渡区外的计算结果。另外应力间断面的过渡区应限制在空间中较小的范围内，并且这个过渡区在计算过程中不应逐步扩大。

(2)沙漏模态

对于工程问题进行非线性动力分析时，最大困难是计算量太大。采用显式积分时，计算是在单元一级上进行的，不需要组装总刚和求解整体平衡方程组，因此大部分 CPU 时间用于计算单元的节点力。采用单点高斯积分可以极大地节省数据存储量和运算次数，但它可能引起零能模式，或称为沙漏模态(hourglass modes)，导致计算结果失真，甚至发散，因此必须对沙漏模态进行控制。

沙漏模态产生的原因是在采用单点高斯积分时单元变形的沙漏模态被丢失了，即它不受单元应变能计算的影响。在动力响应计算时，它将不受控制，产生数值振荡。

沙漏模态可以使用沙漏黏性阻尼算法来控制，即施加一个与沙漏模态变形方向相反的沙漏阻尼力。沙漏阻尼力与刚体转动模态是不正交的，因此不适宜于处理具有大刚体转动的问题；但沙漏模态与实际变形的其他基矢量是正交的，因此沙漏黏性阻尼力做的功在总能量中可以忽略，沙漏黏性阻力的计算比较简单，效率很高。

3.5 爆破拆除数值模拟

3.5.1 有限元模型类别

(1)整体式模型

在钢筋混凝土的整体式模型中，模型单元综合了钢筋及混凝土两者的性能，即模型单元包含了钢筋及混凝土两种材料对单元刚度矩阵的贡献，它不再分别计算[K_s]与[K_c]，而是将钢筋等效为相应的混凝土，然后按一种材料计算单元刚度矩阵，最后将[K]^{e}集成为总体刚度矩阵，也就是将钢筋的材料性能分布于整个单元中，并把单元视作连续均匀各向同性材料。它是一次求得 综合了混凝土单元与钢筋单元的刚度矩阵。这一模型的优点是单元划分少，计算量小，可适应复杂配筋的情况。缺点也是显而易见的，因为钢筋和混凝土是两种力学性能差异很大的材料，把钢筋等效为混凝土与结构的物理实质是不相符的，而且整体式模型无法考察钢筋和混凝土在结构中各自的力学性能和破坏机制，因此如果需要考察钢筋和混凝土在倒塌过程中的破坏机制，那么整体式模型显然无法满足要求。

(2)分离式模型

在钢筋混凝土分离式模型中，把混凝土和钢筋用不同类型的单元来模拟，即分离式模型将混凝土和钢筋两种材料采用不同的单元分别建立有限元模型，也就是说，分离式模型中混凝土单元刚度矩阵[K_c]、钢筋单元刚度矩阵[K_s]是分别计算的，然后将它们统一到整体刚度矩阵[K]中。因为钢筋是一种细长材料，通常可以忽略其横向抗剪强度，故将其作为线形单元来处理，以减少单元数量达到加快运算速度的目的。

在分离式模型中，当钢筋和混凝土之间的黏结很好不产生相对滑移时，则把它们间视为刚性联结；当需要考虑钢筋及混凝土之间的滑移时，可以通过在两者之间插入联结单元来模拟。

分离式模型明显的优点是可以按工程实际的结构进行配筋，而当需要考虑钢筋和混凝土之间的相对滑移时，可以考虑嵌入黏结单元；在分离式有限元模型中，可以分别考察钢筋和混凝土的力学性能和破坏机理。该模型的不足是当有限元模型很大时，耗费的计算时间会很长，对计算机的性能要求很高。本文考虑到分离式模型较整体式和组合式模型更为贴近实际，故有时采用共用节点分离式模型来建立结构的有限元模型。

(3)组合式模型

在组合式模型中有钢筋单元也有混凝土单元，即组合式模型中包含了钢筋和混凝土两种材料，同时考虑了两种材料的特性，在推导单元刚度矩阵时，采用统一的位移函数，单元刚度矩阵中既有钢筋的贡献，也有混凝土的贡献，单元刚度矩阵的计算公式为$[K]^e=[K_c]^e+[K_s]^e$。这种模型单元数量比整体式多比分离式少，计算精度也介于整体式和分离式之间。但每个单元刚度矩阵都要分别计算，当单元钢筋布置不规则时，每个矩阵都要推导，单元刚度的计算会相当麻烦。因此，组合式模型是三种模型中应用最少的一种。

3.5.2 有限元模型的建立

3.5.2.1 前处理

(1)选取单元

本文模拟的是钢筋混凝土结构爆破拆除的倒塌过程，钢筋混凝土的分离式模型，总共有地面、钢筋和混凝土三种材料。在 ANSYS/LS-DYNA 中有 8 种单元类型，通过分析比较，本文中将采用壳单元(SHELL163)模拟地面，用梁单元(BEAM161)模拟钢筋，用实体单元(SOLID164)模拟混凝土。

(2)选取材料模型

本文主要研究对象是钢筋混凝土材料，由于两种材料性能的差异将采用分离式模型，把混凝土和钢筋分别采用不同的单元类型来建模，不考虑钢筋和混凝土之间的滑移，将混凝土与钢筋连接的所有节点自由度耦合在一起。

在 ANSYS/LS-DYNA 中包括八大类材料模型，分别是：线弹性模型、非线性弹性模型、非线性无弹性模型、泡沫模型、压力相关塑性模型、需要状态方程的模型、刚性体模型和离散单元模型。

在众多材料模型中，随动塑性材料模型(MAT_PLASTIC_KINEMATIC)是各向同性、随动硬化或各向同性和随动硬化的混合模型，与应变率相关，且可考虑失效。通过参数 β 在 0 和 1 之间的不同取值，来调节来选择各向相同性或随动硬化，其中 $\beta=0$ 时仅为随动硬化，$\beta=1$ 时仅为各向同性硬化。它的应变率按 Cowper-Symonds 模型来考虑，并且屈服应力 σ_y 用与其应变率相关的因数来表示，如式(3.26)所示。通过设置不同的参数能分别模拟钢筋及混凝土两种材料的特性。因此在本文的模拟中将该材料模型用于钢筋及混凝土两种材料的模拟。

$$\sigma_y=\left[1+\left(\frac{\dot{\varepsilon}}{C}\right)^{\frac{1}{P}}\right](\sigma_0+\beta E_P\varepsilon_P^{eff}) \tag{3.26}$$

式中：σ_0 为初始屈服应力；$\dot{\varepsilon}$ 为应变率；C、P 为应变率参数；ε_P^{eff} 为有效塑性应

变；E_P 为塑性硬化模量，$E_P=\frac{E_{tan}E}{E-E_{tan}}$，其中 E、E_{tan} 分别为弹性模量和切线模量。

在本文的模拟中不需要测定地面震动，因此地面材料可设置为刚体材料。在需要测定地面震动速度时，把地面设置为弹塑性材料。

(3)建立模型

本文使用的分离式模型采用共用节点的方法建立。混凝土采用实体单元SOLID164模拟，SOLID164单元最多有8个节点，可为楔形、四面体、棱柱形及六面体等形状；钢筋采用梁单元BEAM161模拟，BEAM161单元由三个节点定义为线形，其中一个方向节点仅用来定义单元的初始方向，与形状无关。共用结点就是使梁单元的两个节点与实体单元某条边上的两个节点重合，如图3.4所示。上述两种单元通过定义各自的材料模型，可单独考虑钢筋和混凝土单元各自的承载贡献，且能体现两种材料力学性能的差异。

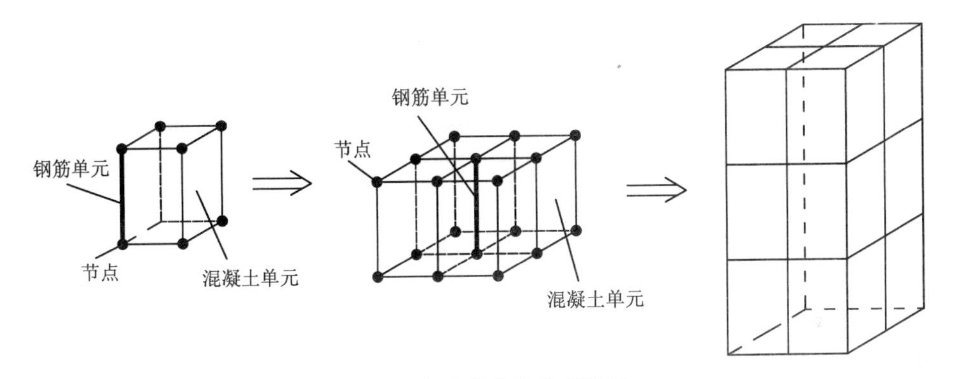

图3.4 共用节点分离式模型

Fig 3.4 Shared node separation model

(4)定义PART

PART是ANSYS/LS-DYNA显式动力分析中的一个概念，它是指在一个模型中，具有相同的单元类型(type)、实常数(real)和材料模型(mat)的所有单元组成的一个集合，每个PART都会被赋予一个编号，便于被某些显示分析命令所引用。在对单元定义类型、实参数及材料模型之后，通过命令(EDPART，CREATE)可以形成PART。

(5)定义接触

ANSYS/LS-DYNA程序中并没有接触单元，它是通过定义接触表面和接触类型并设置相关参数的方式来处理接触的。首先需要选择接触类型，然后再定义接触实体，通过罚函数等算法，使程序在计算过程中有效地避免接触界面之间发生穿透，并在接触界面之间加入摩擦力的作用。最后设置参数，需要输入的参数主要包括静摩擦系数、动摩擦系数及接触界面的生死时间。

LS-DYNA 中有单面接触、节点-表面接触和表面-表面接触几种接触类型。通过对各种接触类型的对比分析和实际应用，本文将采用自动单面接触作为模型中的接触类型。

单面接触是 LS-DYNA 中最通用的接触类型，使用单面接触时，程序将自动搜索模型所有外表面，检查是否发生了穿透，因而无须定义接触面与目标表面。这对预先不知道接触发生在哪个表面的情况非常适用。

3.5.2.2 加载求解

加载求解一般分为以下步骤：

(1)施加荷载

在 LS-DYNA 程序中，由于所有荷载必须与时间相关，所以需要定义荷载时间历程曲线。

对结构施加荷载需进行以下步骤：

①将模型中需要施加荷载的单元定义为组元；

②通过时间和对应荷载类型及数值的数组定义荷载时间历程曲线；

③选择施加荷载的坐标系，将载荷施加到结构模型特定受载的组元上。

本文中仅需给建筑物主体结构模型施加重力荷载。要达到该加载目的，可以通过以下两个方法实现：一是通过修改关键字文件，利用关键字 * LOADBODYY 控制施加重力场；二是通过对主体结构模型节点组成的组元施加重力加速度来实现。

(2)施加初始条件

在许多问题的分析中，需要定义系统的初始状态。在 ANSYS/LS-DYNA 中可以对节点(或组元)和 PART 进行初始状态设置，如初始速度等。

在本文所有模型的模拟中均不需要定义初始条件。

(3)施加约束

LS-DYNA 可以对节点、线、面进行各个自由度的选择性约束。本文的模型主要对构筑物底部及地面节点进行所有自由度的约束。

(4)定义边界条件

在 ANSYS/LS-DYNA 中可以定义的边界条件有：固定边界条件；滑移或循环对称边界条件；无反射边界条件。

(5)求解计算

当以上步骤完成之后，即可进行求解设置。求解的基本参数包括终止时间、输出频率、输出文件控制等。各步骤完成后输出 k 文件，然后用 LS-DYNA 的求解器对 k 文件进行求解计算。

3.5.2.3 后处理

在完成以上步骤并完成计算后，即可通过后处理器对模拟计算结果进行处理与分析。所用到的后处理器有基于 ANSYS 的后处理器和基于 LS-PREPOST 的后处理器两类。

(1)基于 ANSYS 的通用后处理器 POST1 与时间历程后处理器 POST26

只有进入 ANSYS 的通用后处理器后，才能查看和分析计算结果。通用后处理器 POST1 的基本功能包括：

①读取分析计算结果；

②云图显示分析结果，如变形图、应力应变图等；

③列表显示分析结果，如变形、反力等；

④向量显示分析结果；

⑤动画显示分析结果。

后处理 POST1 可以分析和查看特定时点或荷载步上的结果信息，但是，如果要查看结果数据随时间、荷载、频率等变量的变化情况，需要利用程序提供的时间历程后处理器 POST26。所有的 POST26 操作都是基于变量的，此时，变量代表了与时间或频率相对应的结果数据。每个变量都被赋给一个参考号，该参考号不小于 2，参考号 1 自动赋给了时间(频率)。

(2)LS-PREPOST 后处理器

LS-PREPOST 是 LSTC 公司专为 LS-DYNA 开发的一款后处理器，它是一个独立的程序，能提供如计算结果的图形及动画的显示与输出，各种数据的图示与分析等功能。本文中对模型结果的处理和分析均采 LS-PREPOST 处理。

4 爆破拆除厂房和楼房

4.1 引言

控制爆破拆除厂房楼房既经济又安全，在节省时间、劳力、设备和投资的同时，还可将高空作业变为地面或厂房楼房的底层作业，而且能准确预报厂房楼房的倒塌时间和方向，避免像人工或机械拆除那样造成被拆厂房楼房的周围长期处于危险状态或受到骚扰。

砖砌体厂房楼房的承重骨架由砖砌体构成，一般楼层较低；钢筋混凝土结构厂房楼房由钢筋混凝土柱、梁、板、墙等构件组成，一般较高；砖混结构厂房楼房由钢筋混凝土柱、梁、板构成骨架，以加强房屋的整体性，再用砖将其封闭，其中承重立柱也有部分为砖的，部分为钢筋混凝土的。

4.2 控制爆破拆除方案

4.2.1 控制爆破拆除方案及其选择

爆破前应认真分析厂房楼房的结构及其受力状态、荷载分布情况、建筑物类型，以及爆破点周围的环境等情况，根据爆破力学、材料力学、结构力学和建筑结构原理，选择和制定切实可行的爆破方案，对影响或阻碍承重结构坍塌的拉梁、联系梁和承重墙，须事先加以破坏，为了减少一次起爆的雷管数量和减少爆破装药量，从而减小爆破公害，可在保证结构稳定和安全的条件下，事先拆除部分墙体。必须确保爆破充分破坏承重结构，使之失去支承能力，从而在厂房楼房自身重力作用下形成倾覆力矩，迫使厂房楼房原地坍塌或定向倒塌。对厂房楼房的爆破拆除方案主要有以下几种：

(1)定向倒塌方案

定向倒塌方案具有使建筑物充分解体破碎的优越性。被拆除楼房的四周只要有一个方向具备较为开阔的场地，即倾倒方向有长度大于一倍楼房高度时，可用定向倒塌爆破方案。该方案的基本工艺是，除事先破坏底层阻碍倒塌的连接构件外，只需爆破破坏爆破切口范围内的墙、柱、梁和楼板。而处于倒塌方向反向侧的墙、柱、梁和楼板，如为砖结构可不爆，它对楼房的定向倾倒起着支撑作用；若为钢筋混凝土立柱，可爆破一定高度，以形成铰链，使楼房失去承载能力，整体失稳，在自重作用下，形成一个倾覆力矩和相应数量的转动铰链而定向倒塌，如图 4.1 所示，图中的阴影部分即为爆破部分。

要使楼房在倾覆力矩作用下定向倒塌，具体方法有如下两种：

①用各个立柱或承重结构底部依次爆破不同高度的办法来实现，如图 4.2 所示。按顺序承重立柱由Ⅰ至Ⅳ的破坏高度按图中阴影依次加大。将各立柱与顶板连接处的混凝土炸松以形成铰链。当所有立柱同时起爆后，由于各立柱下塌位移量不同，因而框架结构失稳，重心产生偏移，力臂发生变化，重力矩随力臂的加大而加大。则框架将以立柱Ⅰ的根部 A 点为支点，在倾覆力矩的作用下，顺时针方向转动倾倒，其过程可简化为图 4.3 所示。

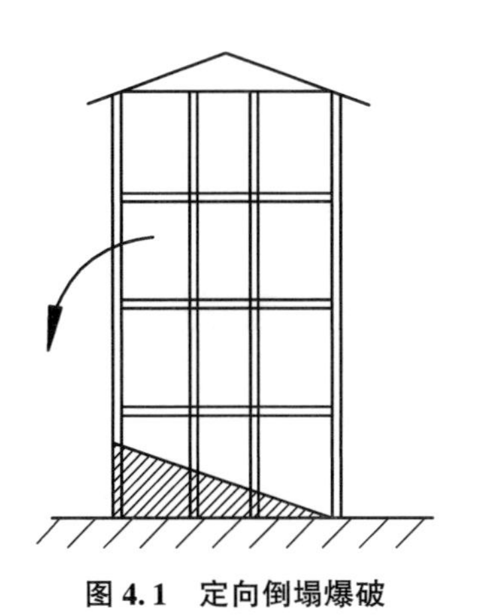

图 4.1　定向倒塌爆破

Fig 4.1　Directional collapse blasting

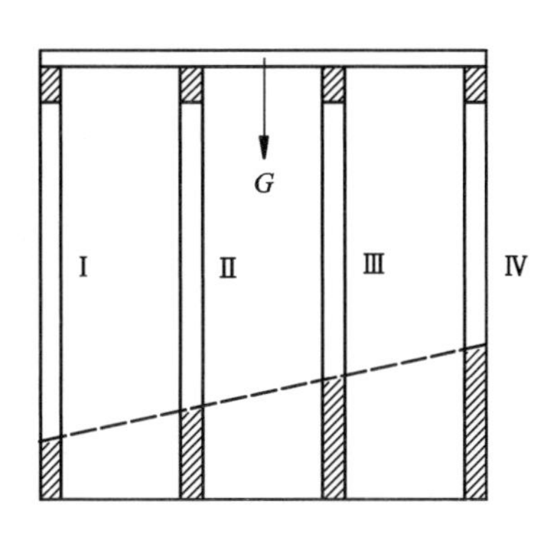

图 4.2　不同破坏高度的倾倒示意图

Fig 4.2　Collapse diagram of different destructive heights

②采用毫秒或秒延期间隔起爆技术，使各个立柱按照严格的先后顺序间隔起爆来形成倾覆力矩，如图 4.4 所示。承重立柱 A、B、C 和 D 爆破破坏高度 h 相等，但按图中标出的先后顺序 1、2、3、4、5、6 延期间隔起爆。当柱 A 和 B 开始向下塌落时，框架即失去平衡，形成重力倾覆力矩；当柱 C 继续起爆后，框架则以柱 D 底部为支点，在倾覆力矩作用下沿逆时针方向倾倒，如图 4.4(b)所示。

该方案只在底部作业，钻爆工作量小、钻孔和防护方便，且能充分利用建筑物倒塌时与地面冲击力使结构破碎等优点，但倒塌堆积范围大，要求在倒塌方向上有足够的开阔场地。

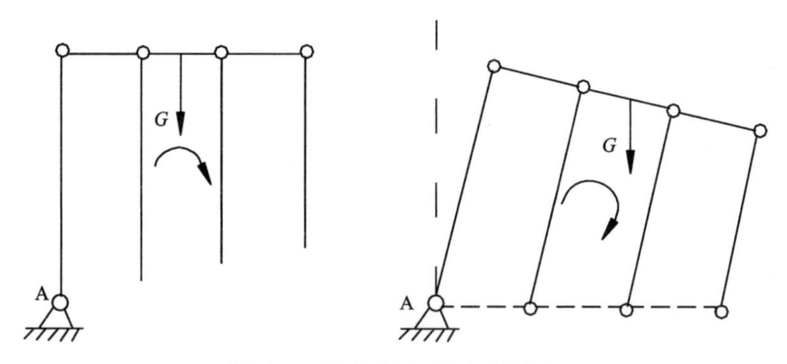

图 4.3 重力矩与框架倒塌过程

Fig 4.3 Moment of gravity and frame collapse process

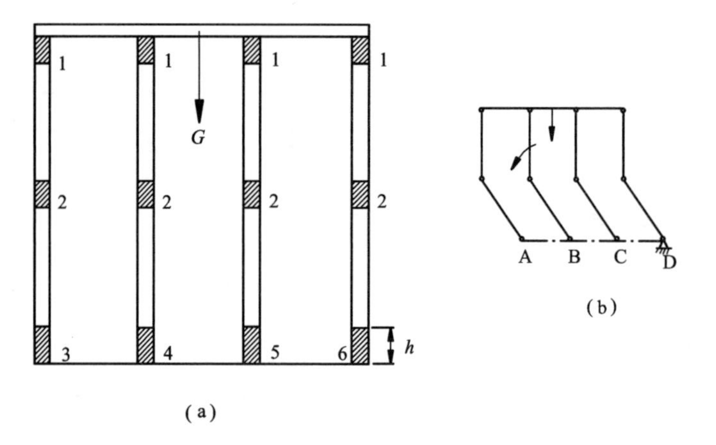

图 4.4 毫秒延时爆破的倾倒示意图

Fig 4.4 Collapse diagram of millisecond delay blasting

(2)原地坍塌方案

楼房四周场地水平距离均小于 1/2 楼房高度的高层楼房特别是砖结构楼房，且楼盖为预制板的装配式钢筋混凝土楼盖或其他柔性楼盖房屋时，适于用此方案。

爆破时，将最底一层或几层的内外承重墙、柱及楼梯间全部炸毁，并事先将底层阻碍楼房坍塌的隔断层进行必要的破坏，整个楼房便可在自重作用下，原地向下坍塌，其上部未炸毁的各层由于整体性不强，在下落触地与地面冲击作用过程中，破碎解体毁于原地，如图 4.5 所示。

另外，也可将立柱与墙的不同破坏高度与毫秒延时起爆相结合，达到原地坍塌的目的，如图 4.6 所示。该拆除方案的实质是内向折叠原地坍塌。

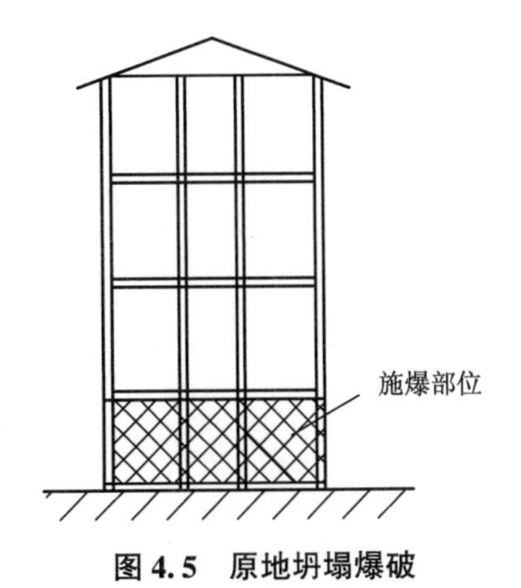

图 4.5 原地坍塌爆破

Fig 4.5 Autochthonous collapse blasting

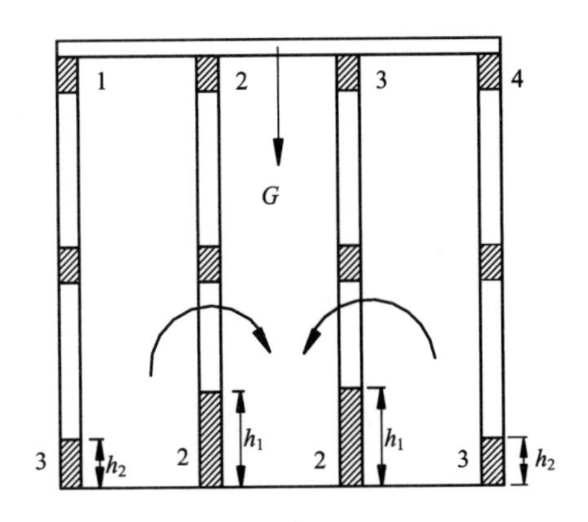

图 4.6 不同破坏高度和毫秒延时爆破示意图

Fig 4.6 Diagram of different destructive heights and millisecond delay blasting

该方案施工简单，钻爆工作量小，拆除效率高，但技术复杂，难度较大，对钢筋混凝土结构甚至楼盖为现浇及装配整体式钢筋混凝土楼盖混合结构房屋，因结构构件的强度高、整体性强，爆破拆除效果不理想。因此，常出现上部楼房整体产生垂直下坐而不坍塌的现象，仅上层楼板和墙体产生一些裂纹，此时应采用其他方案。

(3)单向连续折叠倒塌方案

场地四周任一方向的水平长度均小于2/3~3/4楼房的高度时，为控制楼房倒塌的范围，可选用该方案。这种爆破拆除方案，通过自上而下对楼房每层的大部分承重结构实施爆破拆除(即破坏图4.7中阴影部分)而使结构坍塌破坏。利用延时间隔起爆技术，自上而下顺序起爆，迫使每层结构在重力矩的作用下，向一个方向连续折叠倒塌。

(4)双向交替折叠倒塌方案

高层楼房且四周爆破倒塌堆积范围需要控制在 H/n(H 为楼房的高度、n 为楼房的层数)距离的范围之内时适于采用此方案。使用该方案自上而下顺序起爆时，上下层一左一右交替地连续折叠倒塌，如图4.8所示。

(5)简化折叠方案

在分别满足单向和双向折叠倒塌相应要求的倒塌水平距离前提下，自上而下每间隔一层或数层进行顺序起爆，该方案减少了钻爆工作量，但要求倒塌场地相应宽阔一些。

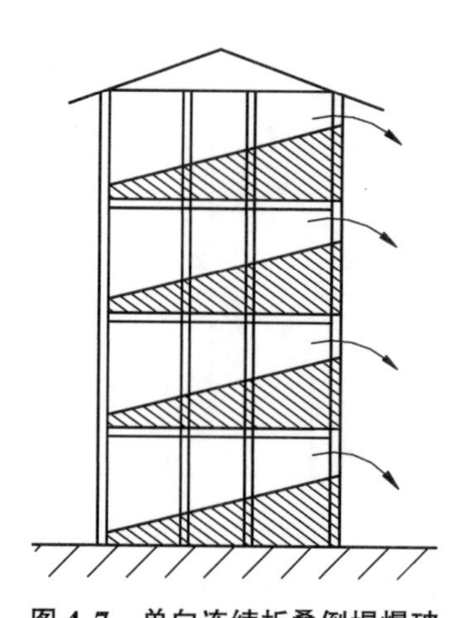

图 4.7　单向连续折叠倒塌爆破

Fig 4.7　Mono-directional continuous folded collapse blasting

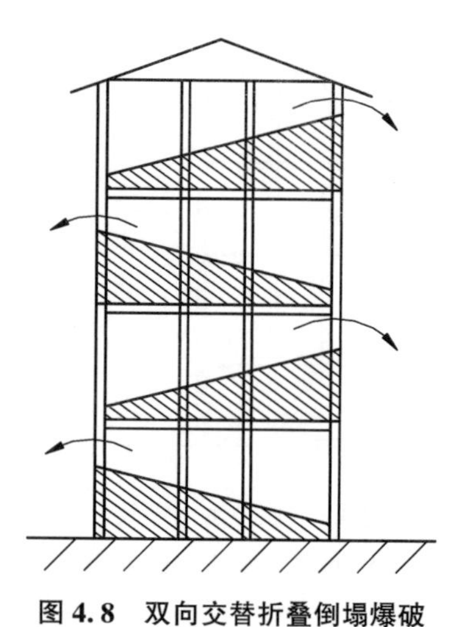

图 4.8　双向交替折叠倒塌爆破

Fig 4.8　Two-way alternating folded collapse blasting

图 4.9 为简化双向折叠方案，图 4.10 为简化的单向折叠方案。

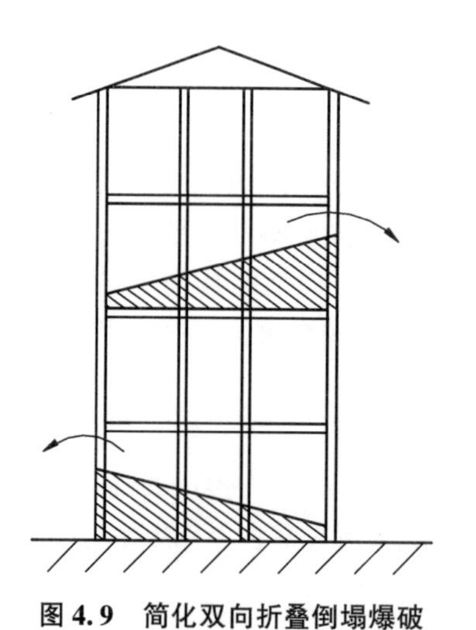

图 4.9　简化双向折叠倒塌爆破

Fig 4.9　Simplified two-way folded collapse blasting

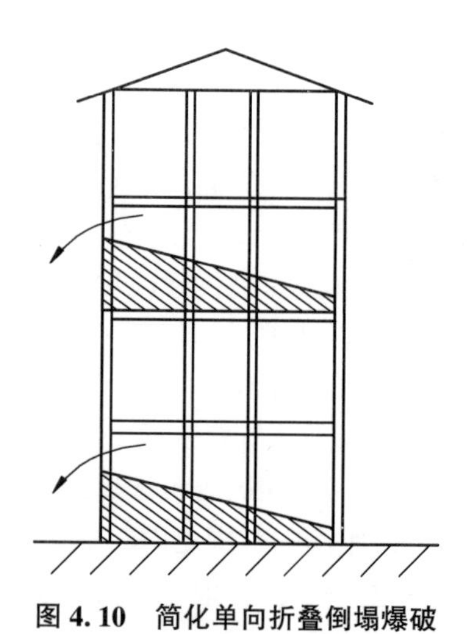

图 4.10　简化单向折叠倒塌爆破

Fig 4.10　Simplified mono-directional folded collapse blasting

4.2.2 爆破切口高度的确定

爆破切口高度的大小，是影响楼房倒塌的重要因素，也是决定整个楼房爆破成功与否的又一关键。无疑爆破切口越高对楼房倒塌越有利，但这样也增加了工程量并提高了工程成本，因此，应合理确定必要的爆破切口高度。

概括起来，要使房屋结构倒塌，则应满足以下条件：

(1)结构能顺利失稳倒塌；

(2)重心偏移而导致整个结构倾倒坍塌或重心下降以致整个结构坍塌触地解体；

(3)具有一定的下落触地速度，以使结构触地破碎，并且破碎块度适中，便于清运。

在城镇市区用控制爆破方法拆除楼房时，必须制定严格的安全技术措施，控制爆破危害，同时进行有效可靠的防护覆盖，以免飞石伤人。环境险恶的工程，还必须将邻近建筑物内的人员撤离并进行道路的短期戒严。

4.3 控制爆破拆除工程数值模拟分析

为了安全地实施爆破拆除，爆破拆除前应根据环境和场地条件以及结构类型等，确定结构的倒塌方向和坍塌范围，同时，必须对爆破飞石、震动、噪声和爆破影响范围实施有效控制。需要正确选择爆破拆除方案，且需要合理确定结构失稳所必须的爆破切口破坏高度等爆破参数，还要做好柱、梁、墙等的处理设计等。所有这些均可借助数值模拟方法开展研究。

4.3.1 爆破拆除工程数值模拟实例 1

4.3.1.1 工程概况

以 2007 年爆破拆除保定市燕赵大酒店作为实例 1。大楼主体为框架剪力墙结构，大致呈“井”字形布局，地面以上 16 层，高约 48 m，东西长 32 m，南北宽 27 m。从南往北有 6 排立柱共计 40 根，柱的横截面尺寸为 0.7 m×0.7 m。在大楼中间部分为楼梯间、设备间和 3 个电梯井。剪力墙及填充墙的布置如大楼结构平面图 4.11 所示。爆破工程量约为 13824 m^2。

大楼周围的环境和场地条件情况如图 4.12 所示，大楼北侧距地下燃气管线 48 m，距保定市东风中路广告牌 53 m，距地下水管 55 m；南侧距待拆 3 层办公楼 26 m；西侧距保定市朝阳南路广告牌 42.8 m，距地下燃气管线 45 m；东侧距大世界批发市场 30 m，距地下水管 35 m，距工商银行大楼 43 m(未标出)，周围环境基本具备向北定向倾倒爆破拆除的场地条件。

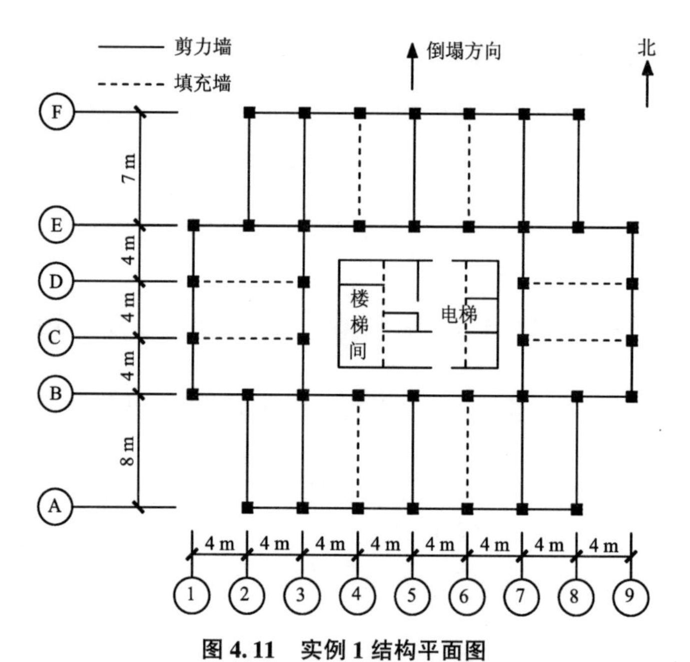

图 4.11 实例 1 结构平面图

Fig. 4.11 Plane figure of structure of example 1

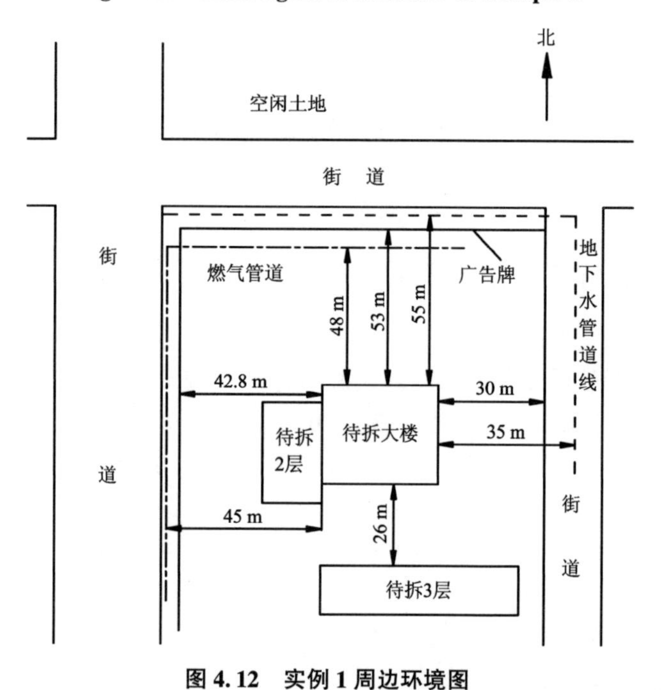

图 4.12 实例 1 周边环境图

Fig. 4.12 Surrounding environment map of example 1

爆破拆除应保证附近人员、建筑物及市政设施的安全。根据大楼爆破拆除工程现场周围环境和场地条件，为保证附近人员、建筑物及各种市政设施的绝对安全，需要合理确定大楼爆破拆除的倒塌范围，确定的倒塌范围及实际倒塌范围如图 4.13 所示。图中倒塌方向上的前冲距离为建筑物从轴线 F 往北的位移(以下简称“前冲距离”)。

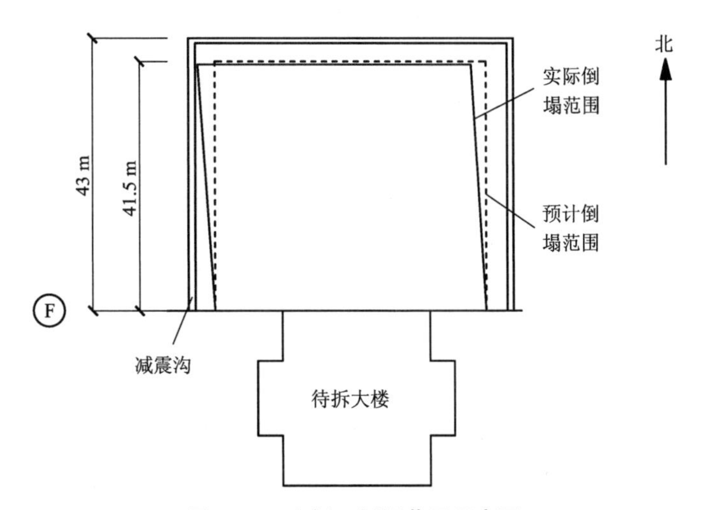

图 4.13　实例 1 倒塌范围示意图

Fig. 4.13　Schematic diagram of collapse range of example 1

4.3.1.2　爆破方案

根据大楼爆破拆除工程周围环境和场地条件以及工期要求，在时间紧、任务重的情况下，根据已确定的爆破拆除定向倾倒方向和范围，确定了如图 4.14 所示的爆破切口。在采用控制爆破技术实施大楼向北定向倾倒爆破拆除之前，采取了如下的预处理措施：

(1)采用人工、机械预先拆除副楼楼体，以消除大楼向北定向倾倒的阻碍，获得较有利的倒塌空间和条件；

(2)爆破切口置于第四至第七层间，以使大楼的倒塌距离减小；

(3)实施了预拆除措施：

①实施爆破切口内部分剪力墙的预拆除处理；

②实施电梯井、楼梯及设备间剪力墙的预处理；

③实施爆破切口内的楼梯的预处理，将每段楼梯上、下台阶各切开一个踏步，去掉混凝土，保留钢筋。

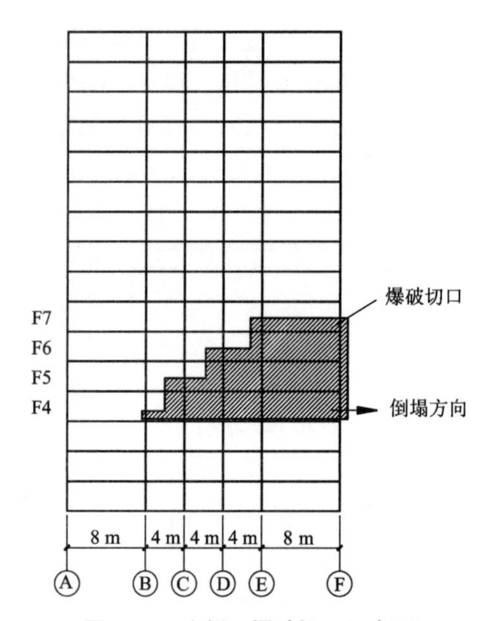

图 4.14　实例 1 爆破切口示意图

Fig. 4.14　Schematic diagram of blasting cut of example 1

为了实施对大楼的定向倾倒爆破拆除，还需要通过合理布孔以形成确定的爆破切口，具体布孔安排如下：

①北侧第 1、2 排立柱：4、5、6 层每柱上布 8 个孔，7 层每柱布 4 个孔；

②第 3 排立柱：4、5 层每柱上布 8 个孔，6 层布 4 个孔；

③第 4 排立柱：4 层每柱上布 8 个孔，5 层布 4 个孔；

④第 5 排立柱：4 层每柱上布 1 个孔（偏眼）；

⑤第 6 排立柱：在 4 层外侧靠近地板处进行割断钢筋处理。

4.3.1.3　模拟方案

为了对比整体式模型与分离式模型开展爆破拆除数值模拟的效果，本文针对工程实例 1 采用两种不同的建模方案。

方案 1：用杆系单元建立整体式有限元模型，其中柱和梁均采用梁单元（BEAM161）建模，楼板和剪力墙采用壳单元（SHELL163）建模。上述梁单元（BEAM161）和壳单元（SHELL163）综合了钢筋及混凝土两者的性能，即模型单元包含了钢筋及混凝土两种材料的贡献，也就是将钢筋的材料性能分布于整个单元中了，并把单元视作连续均匀各向同性材料，而不再考虑钢筋及混凝土的不同材料性能。这是通过利用等效原理把钢筋的材料性能分散到混凝土当中，将两者当作一种材料进行模拟计算和分析。

方案2：采用共用节点建立钢筋混凝土分离式模型的方法，把混凝土和钢筋用不同类型的单元来模拟，也就是在模型的建立中将混凝土和钢筋两种材料采用不同的单元分别建立有限元模型。因为钢筋是一种细长材料，通常可以忽略其横向抗剪强度，将其作为线形单元来处理，以减少单元数量达到加快运算速度的目的。当钢筋和混凝土之间的黏结很好不产生相对滑移时，则把它们间视为刚性联结；当需要考虑钢筋及混凝土之间的滑移时，通过在两者之间插入联结单元来模拟。采用分离式模型的好处是显而易见的，这种模型可以按工程实际结构进行配筋；而当需要考虑钢筋和混凝土之间的相对滑移时，可以考虑嵌入黏结单元，而且可以分别考察钢筋和混凝土的力学性能和破坏机理。当然分离式模型耗费的计算时间会很长，对计算机的性能要求很高。

为了加快计算速度，使数值模拟得以顺利进行，做了如下简化：梁、柱中不设置箍筋，其作用通过调整混凝土单元的参数达到等效的效果；增大钢筋截面积以减少其数量。

另外，两个方案的模拟中均忽略爆炸过程及其对结构的影响，直接形成爆破切口。

4.3.1.4 模拟效果分析

倒塌过程的模拟如图4.15所示。在切口形成后，结构在重力作用下开始偏转，以至倾倒坍塌，最终触地破碎。首先钢筋混凝土结构因其受到重力的作用，对其下的保留墙壁施加向下的压力，该力将压坏切口保留部分的保留墙壁，即剪力墙，导致结构下坐和后坐，并且钢筋混凝土结构在其重力矩的作用下发生倾斜，进而在最后一排柱形成活动铰，随重力矩的持续作用钢筋混凝土结构倾倒坍塌。两个方案中的倒塌时间均在6.5 s左右。

方案1与方案2的模拟效果表明：两个方案的倒塌过程大致相同，方案1中模型由于单元简单，网格较大，在触地后几乎没有飞散物；方案2的模拟过程中则有明显碎块飞出，结构触地后，可以观察到混凝土从钢筋剥离的现象，这与实际是相符的。因此，从模拟效果可见，分离式模型比整体式模型更贴近实际。

4.3.1.5 前冲距离对比

在钢筋混凝土结构的爆破拆除中，爆破装药爆炸爆破切口形成后，钢筋混凝土结构同时受到重力和重力矩以及因爆破切口部位保留柱和墙壁的复杂而不断变化的力的作用，经历失稳、倒塌、触地、最终破碎形成爆堆的过程，选取倒塌方向上堆积物最外沿的单元，即爆堆最外沿的单元，输出该单元在倒塌方向上的水平位移时程曲线，如图4.16所示。

由于后处理器LS-PREPOST3.0可以重复显示模型的倒塌过程，因此，在选取以上单元后，使模拟回到$t=0$的时刻，便可确定实施爆破拆除前该单元在钢筋混凝土结构上的位置，从而可得到其与轴线F的距离。结合单元位移时程曲线图

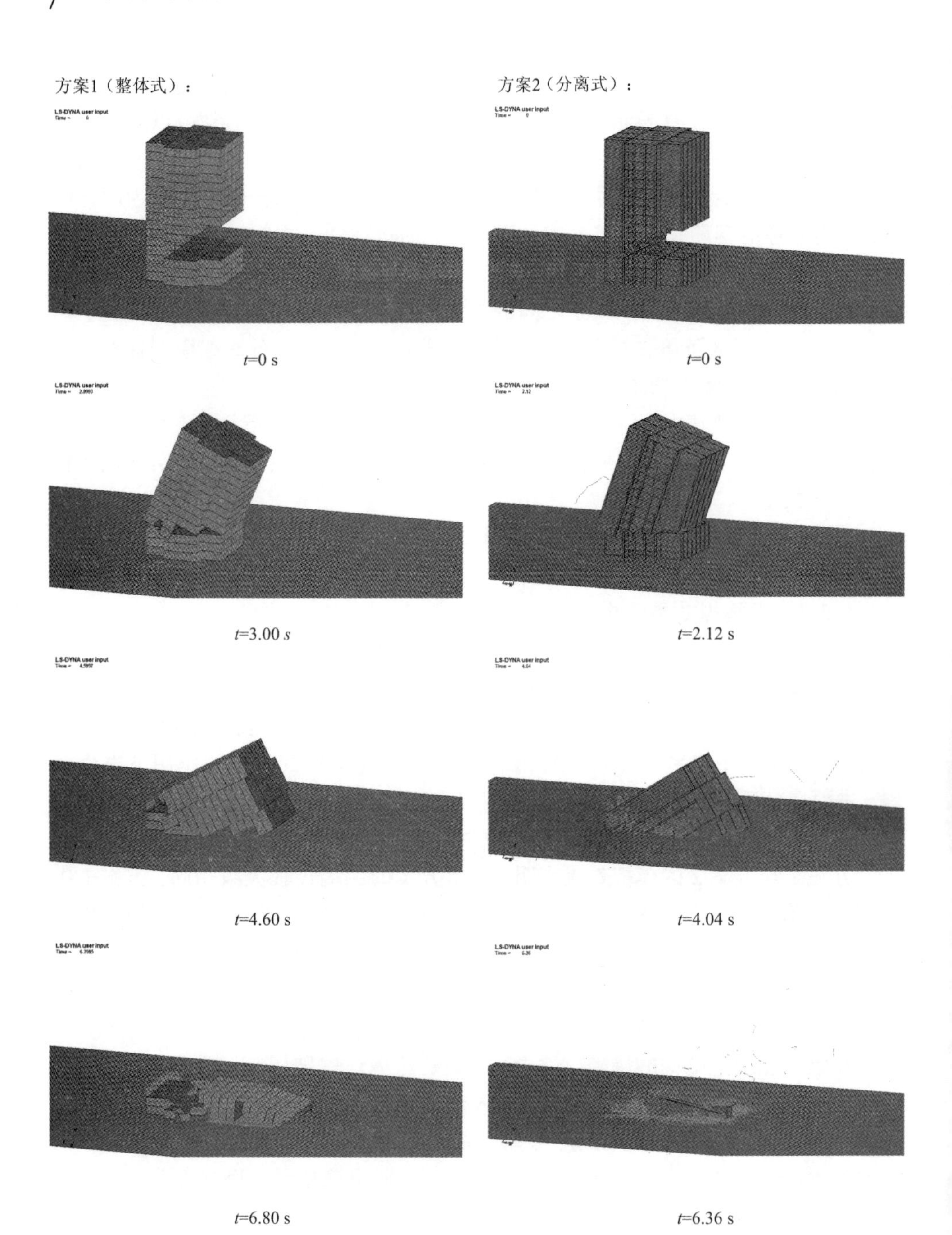

图 4.15　实例 1 倒塌过程模拟效果图

Fig. 4.15　Simulation effect diagram of collapse process of example 1

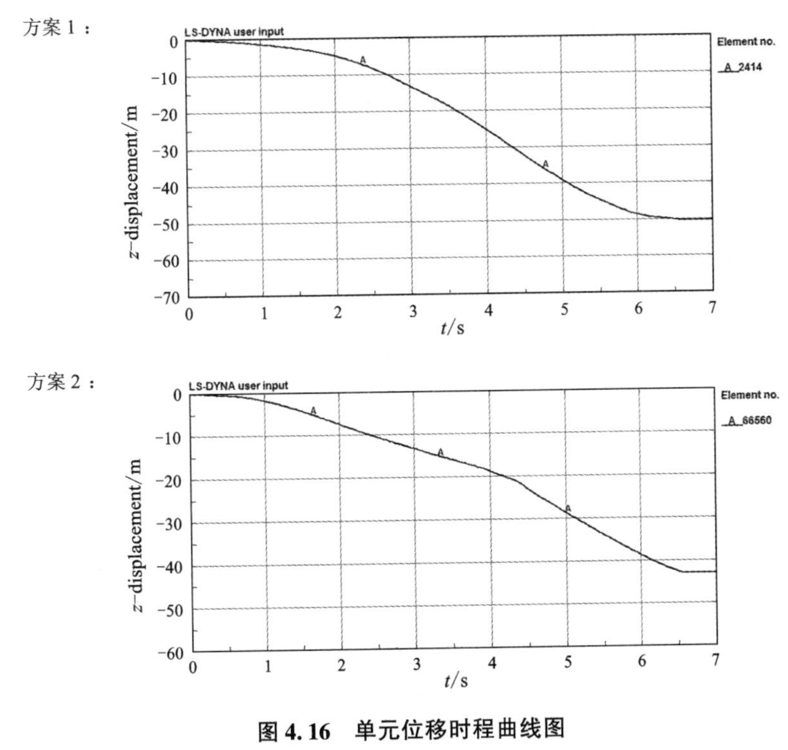

图 4.16　单元位移时程曲线图

Fig. 4.16　Displacement-time curves of element

(如图 4.16 所示)，便可分别计算出两个数值模拟计算方案中钢筋混凝土结构的前冲距离，如表 4.1 所示。

表 4.1　实例 1 前冲距离对比表

Table 4.1　Comparison table of recoil distance of example 1

	工程实例	方案 1	方案 2
前冲距离/m	41.5	38.01	42.53

如表 4.1 所示，工程实例中的前冲距离为 41.5 m。通过工程实例的比较，方案 1 模拟的误差为 8.4%，方案二模拟的误差为 2.5%。表明数值模拟与实际工程相吻合较好，并且分离式模型更贴近实际。另外，装药爆破前第 2 跨东侧部分的电梯井剪力墙的预处理未完成，留有少量剪力墙体，而西侧剪力墙处理充分，所以导致了整座楼房稍偏西倒塌的现象。模型中并未考虑预处理过程，因而没有偏差现象产生。

4.3.2 爆破拆除工程数值模拟实例 2

4.3.2.1 工程概况

实例 2 为芜湖市长江东岸港龙宾馆的爆破拆除工程。该楼于 1988 年设计建造，为框架剪力墙结构。大楼东西方向长 25.6 m，南北宽 13.9 m，共 15 层，高 53 m，总建筑面积 5700 m^2。楼顶架设有水箱、发射天线塔等设备，大楼东部外是外部楼梯，楼内有两部电梯、一套楼梯。大楼的承重柱沿南北方向分布有 4 排共计 32 根，其截面尺寸为 0.5 m×0.6 m，部分墙体为钢筋混凝土剪力墙，厚度为 25 cm，如图 4.17 所示。

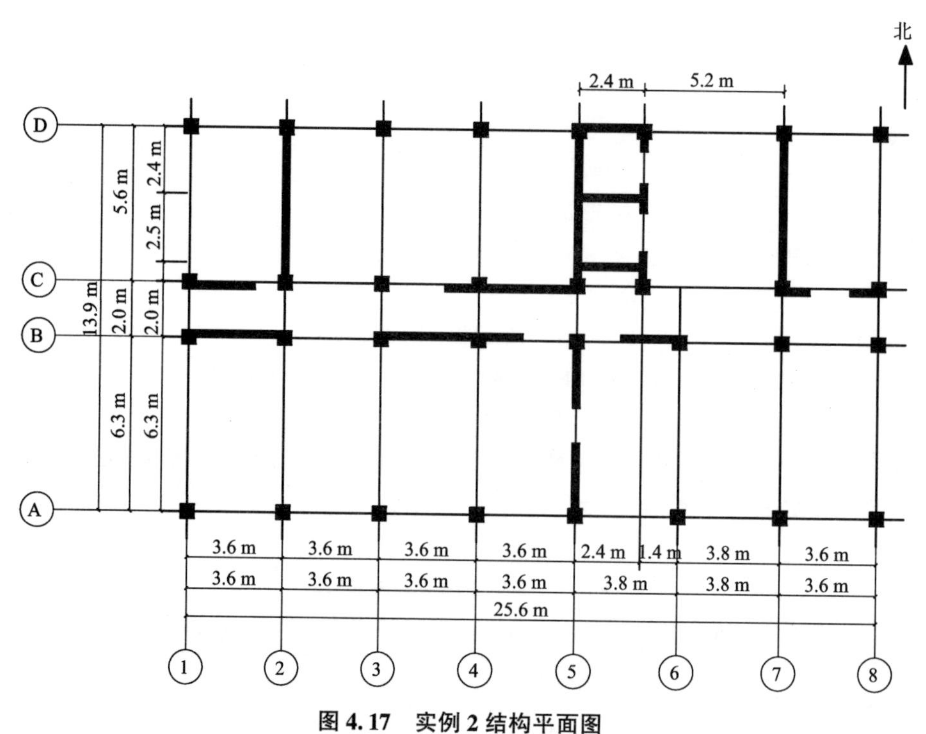

图 4.17 实例 2 结构平面图

Fig. 4.17 Plane figure of structure of example 2

待拆除大楼周围环境良好，距西约 35 m 处有围墙；大楼东面约 50 m 处有民房和工房；大楼以北是空地，离大楼约 200 m 处有一座小钟楼；大楼南侧是在建工地；在大楼的西、南两侧有电线环绕。周围具体环境如图 4.18 所示。

4.3.2.2 爆破方案

待拆除大楼周围环境良好，从图 4.18 可看出，在大楼的北边有充足的倒塌空

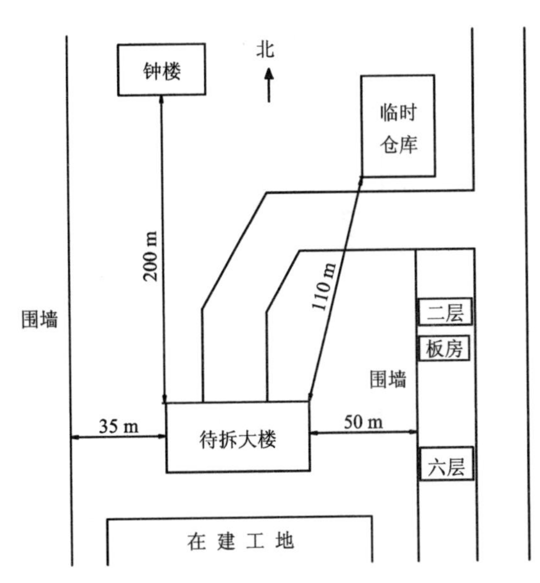

图 4.18　实例 2 大楼周围环境示意图

Fig. 4.18　Schematic diagram of the surrounding environment of the building of example 2

间，因此采用向北定向倾倒的爆破拆除方案。D 轴承重柱爆破高度 21.7 m，范围覆盖 1~5 层全部及 6 层下方 1.7 m 高的部分；C 轴承重柱切口高度 14.70 m，范围覆盖 1~3 层全部及 4 层下方 1.7 m 高的部分；B 轴承重柱切口高度 6.5 m，范围覆盖 1 层全部及 2 层下方 1.7 m 高的部分。如图 4.19 所示为爆破切口示意图。

为了顺利实施大楼向北定向倾倒爆破拆除，爆破拆除实施前应进行预处理：

①大楼内的电梯间和楼梯起核心筒的作用，为了避免它们对大楼倒塌准确性的影响，爆破前应采取措施对内部电梯间和内、外部楼梯进行预处理。

②对于大楼的内部和外部楼梯，爆破前将 1~6 层每层楼梯上下的换步台横梁切断，踏步中间切断，横向隔断墙切断，切断后只残留钢筋部分。

③对于大楼的电梯筒，将其 1~2 层内支撑墙预先放小炮清除；电梯筒的处理要彻底、完全；而且，还应人工拆除楼层内的砖墙。

4.3.2.3　模拟方案

本节所模拟的结构仍采用共用节点分离式模型，建立钢筋混凝土结构数值模拟分析模型，并对模型做了如下简化：省略了楼顶水箱、大楼东侧的外部楼体等结构；各构件中将箍筋省略，只设置了纵向钢筋；不考虑爆炸过程对结构的影响，直接形成爆破切口。

4.3.2.4　模拟结果的对比与分析

实例 2 倒塌过程的模拟结果如图 4.20 所示。在切口形成后，由于重力作用

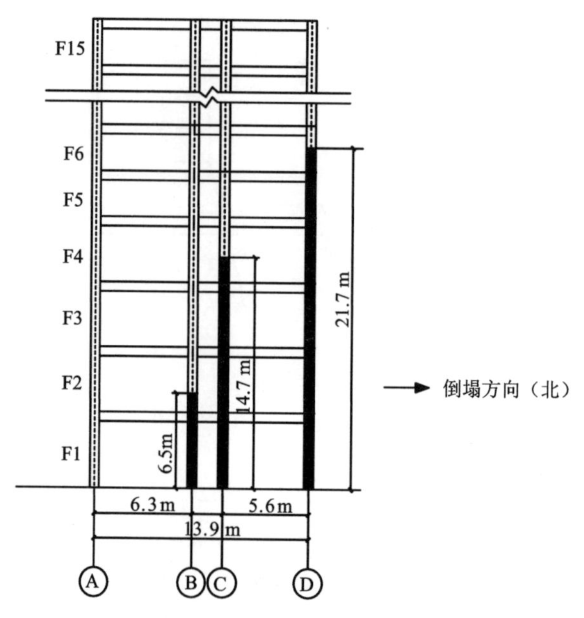

图 4.19　实例 2 切口示意图

Fig. 4.19　Cut diagram of example 2

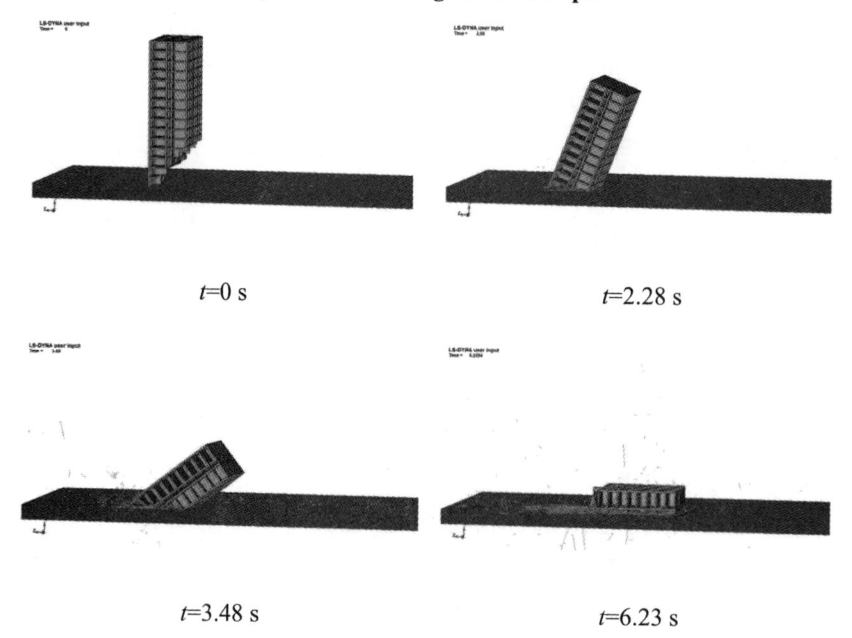

图 4.20　实例 2 倒塌过程模拟结果

Fig. 4.20　Simulation results of collapse process of example 2

结构开始倾倒，先压坏保留部分支撑体的剪力墙，切口内侧保留部分受压区混凝土不断被压碎，外侧混凝土断裂，因外侧柱及剪力墙存在大量钢筋，在最后一排柱形成转动铰，结构翻转倒塌，在 2.3 s 左右切口闭合。当结构倒塌、触地、冲击、破碎过程中，可以观察到混凝土与钢筋剥离的现象，并伴随有许多破碎物飞散而出。6.2 s 左右大楼完成倒塌解体。

图 4.21 所示为模拟效果与实际倒塌效果的对比，可见分离式模型是比较贴近实际的。

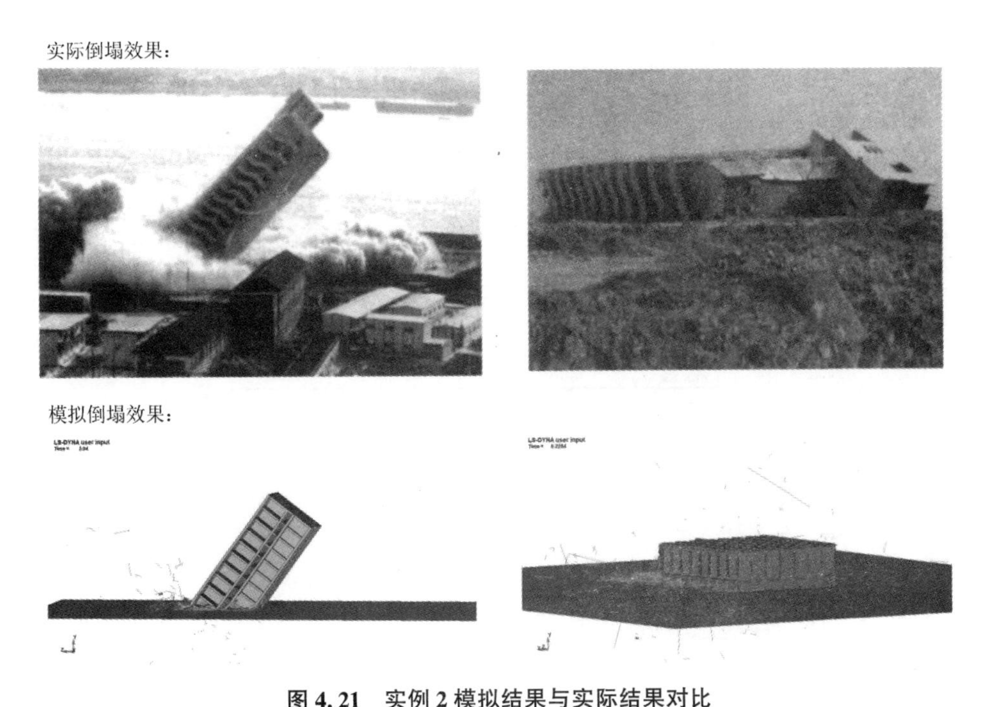

图 4.21　实例 2 模拟结果与实际结果对比

Fig. 4.21　Comparison between simulation results and actual results of example 2

4.3.2.5　堆积范围

在模拟倒塌结束的时刻即 $t=6.2$ s 时，分别选取东南西北四个方向上堆积物最外沿的单元，输出其各自方向上的水平位移时程曲线，如图 4.22 所示。

在选取以上各个单元后，使模拟回到 $t=0$ 的时刻，确定爆破前各个单元在钢筋混凝土结构上的位置，再结合单元位移时程曲线（如图 4.22 所示），即可分别算出各个方向上的距离，从而得到结构的倒塌范围，如表 4.2 所列。

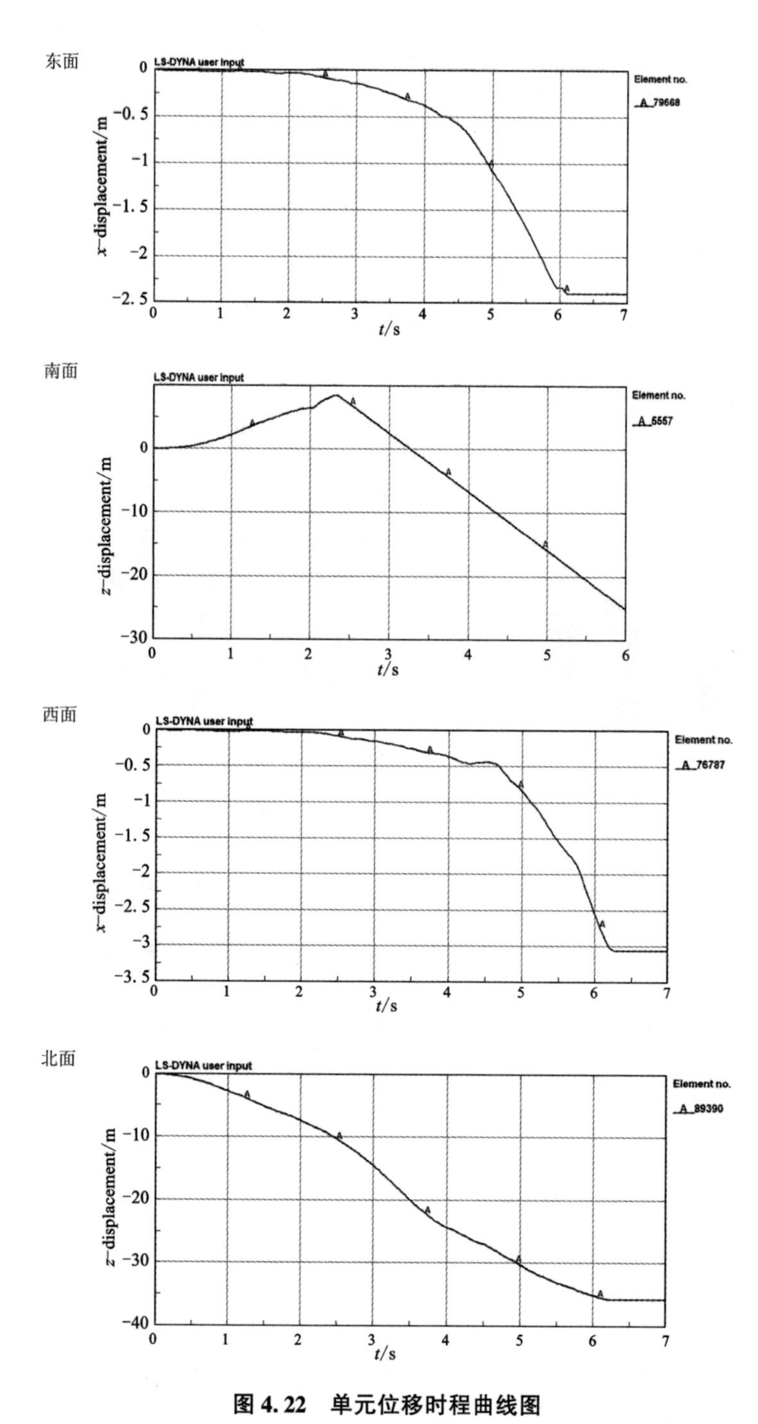

图 4.22 单元位移时程曲线图

Fig. 4.22 Displacement-time curves of element

表 4.2 实例 2 倒塌范围表

Table 4.2 Collapse range table of example 2

方位	东面	南面	西面	北面
位移/m	2.35	8.2	3.15	35.8

从倒塌范围的模拟数据结合实例 2 大楼周围环境示意图(如图 4.18 所示)，可知模拟获得的该楼的倒塌范围在安全区域之内。

从模拟效果及得出的数据可以看出倒塌方向略偏向西，如图 4.23 所示。其原因可通过分析如图 4.17 所示的结构平面图得出，结构中东侧相对于西侧分布了较多的剪力墙，从而使得在切口闭合后的倒塌过程中东侧支撑强于西侧，所以造成了整座大楼的倒塌偏西的现象。

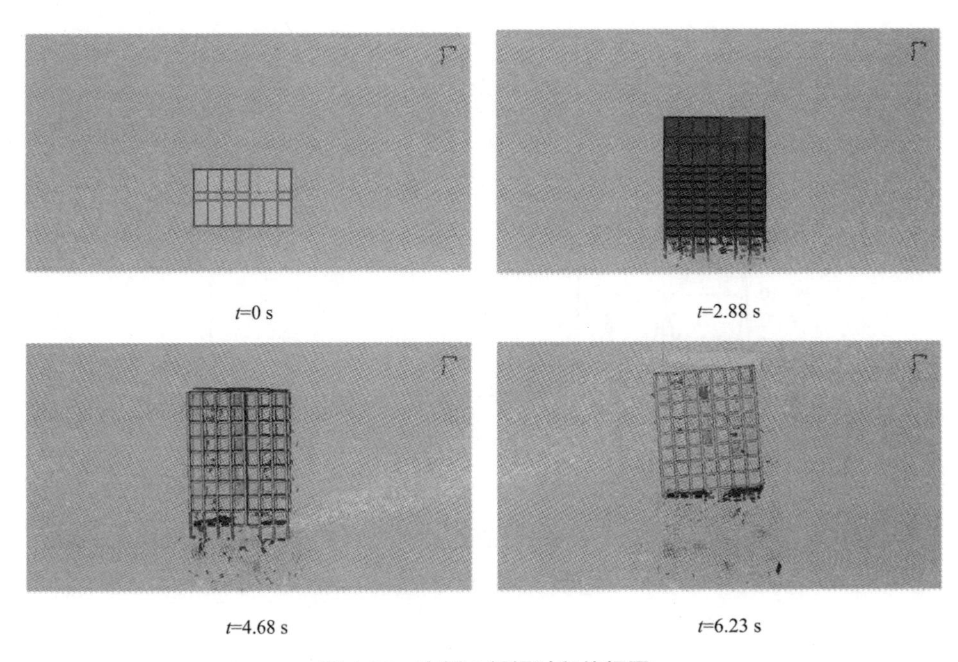

图 4.23 实例 2 倒塌过程俯视图

Fig. 4.23 Top view of collapse process of example 2

4.3.2.6 钢筋及混凝土单元应力分析

根据前文的模拟及分析，可知保留部分支撑对整个钢筋混凝土结构倒塌过程的影响十分重大，因此从模型中的支撑体处分别取出钢筋和混凝土单元进行分析。具体方法是在第三层最后一排柱中取一个钢筋单元，并在相同的位置相应地取一个混凝土单元，分别输出它们的应力-时程曲线，如图 4.24 所示，对后排支撑柱进行应力状态分析。

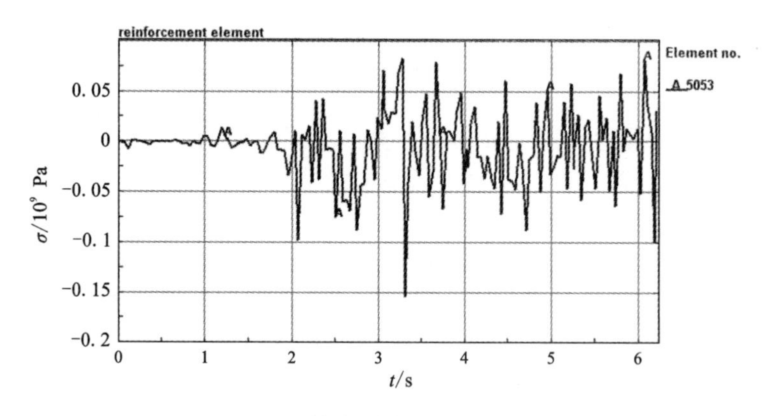

(a) 钢筋单元应力-时程曲线

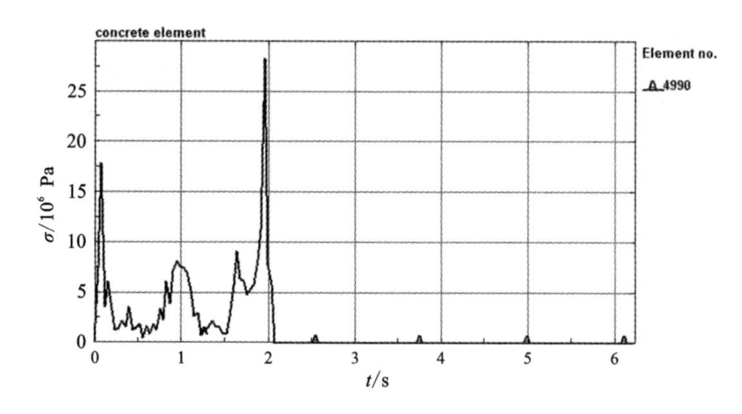

(b) 混凝土单元应力-时程曲线

图 4.24 单元应力-时程曲线图

Fig. 4.24 Stress-time curves of element

从图 4.24(a)中可以得出，在结构的整个倒塌过程中该钢筋单元的最大应力为 154 N/mm^2，在其屈服应力以下；而混凝土单元在 $t=1.96$ s 时，因达到其抗压强度值使得单元失效，应力值骤降为零。钢筋的屈服应力远大于混凝土的屈服应力，实际倒塌过程中部分钢筋并不会屈服，这与工程实际是相符的。两者的单元应力-时程曲线表明：钢筋混凝土共用节点分离式模型能很好地反映两种不同材料力学性能的差异。

4.3.3 爆破拆除工程数值模拟实例3

4.3.3.1 工程概况

以2009年中山市石岐山顶花园的爆破拆除工程为实例。该楼始建于1994年，1997年封顶，封顶后因遭遇亚洲金融危机而成为烂尾楼，13年后因其功能落后，不能适应当前市场需求，决定对该烂尾楼进行爆破拆除。

该大楼为框架剪力墙结构，“井”字形布置，南北宽33.8 m、东西长38.5 m，高达104.1 m，建筑面积为27875 m^2。1层和地下室为框架结构，2~32层均为剪力墙结构。中间部分为核心筒，布置有3个电梯井、1个强电井、2个通风井、1个管道井、1个楼梯间，结构平面如图4.25所示。1层层顶有截面为150 cm×80 cm框支梁，其主筋ϕ28 mm，梁顶和梁底双层布筋，箍筋ϕ12 mm，间距100 mm；核心筒四周32根立柱，立柱高5.5 m，截面尺寸均为1.3 m×1.3 m，立柱主筋最大为ϕ28 mm，箍筋最大为ϕ12 mm，间距为10 cm。主筋数量为12根ϕ28 mm，20根ϕ25 mm。核心筒剪力墙厚为20~50 cm。2~32层为标准层，布局相同，核心筒部分剪力墙厚为20~40 cm，其他部分剪力墙厚度为20~30 cm，楼板厚为15 cm，每层纵横梁断面较小，分别为25 cm×60 cm、20 cm×60 cm、30 cm×30 cm、20 cm×30 cm。楼房立柱、剪力墙钢筋混凝土标号为C35。

该楼东侧是正在进行施工开挖的边坡，距坡底44 m，东南侧距离中山市重点文物东岳庙40 m；南侧距居民院围墙5.2 m，距1层砖结构民房6 m，距3层框架结构民房10 m；西南侧距5层砖混结构民房65 m，距工地变压器78 m；西侧距坡底81 m，距离立雪道上的高压电缆沟85 m；西北侧距离立雪道与学院路交点边坡坡底88 m；北侧距学院路边坡坡底50 m，距学院路上供水管线58 m，楼房周围100 m范围内有住户118户，1244人，周围环境极其复杂，具体见图4.26。

4.3.3.2 爆破方案

该大楼是典型的剪力墙结构，核心筒在建筑的中央部分，主要用于抵抗水平侧力。此种结构十分有利于结构受力，具有极强的抗震性。因此，此类建筑与传统框架结构相比增加了爆破拆除的复杂程度以及技术难度。爆破方案采用了以下一些措施：

(1)采用蝶式切割预处理方式，加大剪力墙预处理力度，在爆破切口内的剪力墙上开设孔洞，变墙为柱，减少爆破部位。

(2)采用大切口爆破技术，对楼体进行多切口爆破，降低触地质量，减弱塌落震动，缩短塌散长度，控制大楼破碎坍塌范围。

(3)采用延时起爆技术控制单响药量、降低爆破震动。

(4)合理前移铰接点，加大后排支撑，预防楼房后坐。

(5)主动防护和被动防护相互结合控制爆破飞石，倒塌方向砌筑减振土堤以

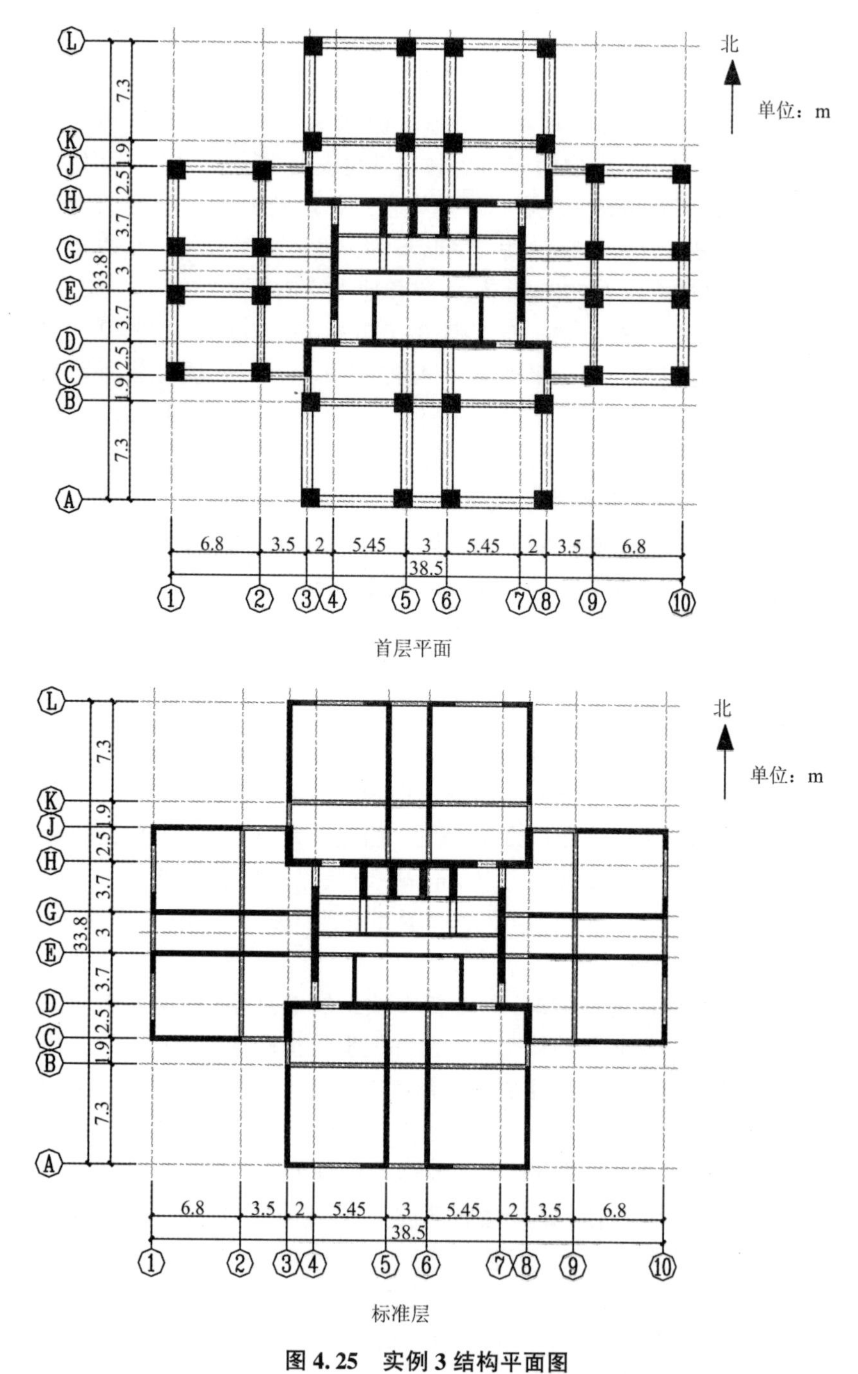

图 4.25　实例 3 结构平面图

Fig. 4.25　Plane figure of structure of example 3

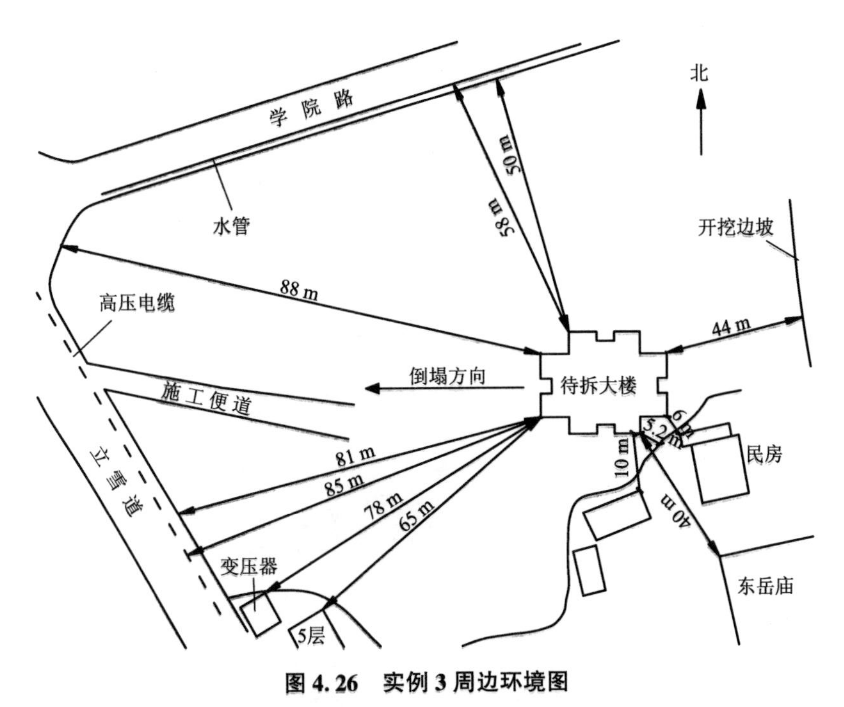

图 4.26 实例 3 周边环境图

Fig. 4.26 Surrounding environment map of example 3

降低震动影响。

采用向西定向倾倒爆破拆除方案，选用 3 个爆破切口。第 1 个切口选在 1~5 层，切口角度为 23°，该切口保证楼房顺利定向倒塌；第 2 个切口选在 12~14 层，切口角度为 12°，该切口缩短倒塌长度，降低塌散长度；第 3 个切口选在 22~24 层，切口角度为 12°，该切口再次缩短倒塌长度。为使楼房主体倒塌后转动铰链有足够的支撑力，铰链前移至 8 轴，8~10 轴同时起爆。

延时时间：第 1 个爆破切口分 6 响：1、2、3、5、6 轴依次为 MS3 段、HS2 段、HS3 段、HS4 段、HS5 段，8~10 轴为 HS6 段。第 2 个爆破切口分 6 响：1、2、3、5、6 轴依次为 HS2 段、HS3 段、HS4 段、HS5 段、HS6 段，8~10 轴为 HS7 段。第 3 个爆破切口分 6 响：1、2、3、5、6 轴依次为 HS3 段、HS4 段、HS5 段、HS6 段、HS7 段，8~10 轴为 HS8 段。

4.3.3.3 模拟方案

由于结构比较复杂，本文针对工程实例 3 采用杆系单元建立整体式有限元模型。其中，柱和梁用梁单元(BEAM161)建模，楼板和剪力墙采用壳单元(SHELL163)建模。不考虑钢筋及混凝土的不同材料性能，利用等效原理，把钢筋的材料性能分散到混凝土当中，将两者当作一种材料进行分析。

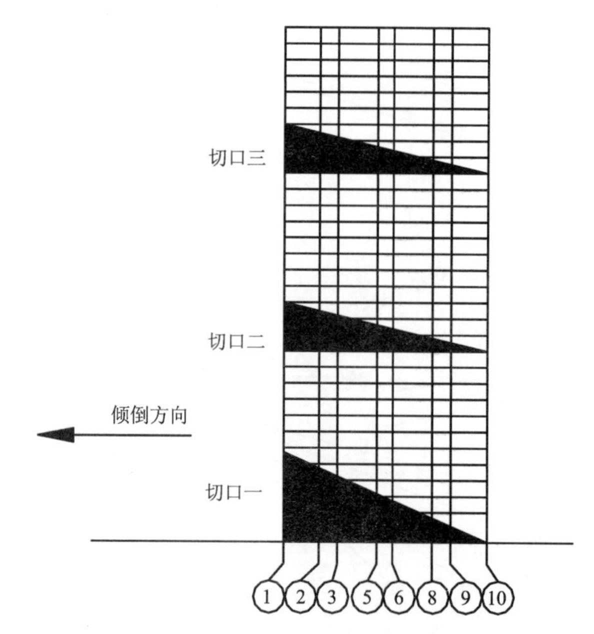

图 4.27 实例 3 爆破切口示意图

Fig. 4.27 Schematic diagram of blasting cut of example 3

由于实例 3 采用了 3 个爆破切口，各切口之间的爆破存在时间差，而且每个切口也采取了延时爆破，因此本文为模拟该实际情况，在 k 文件中加入了关键字 * MAT_ADD_EROSION 来控制爆破切口部分材料的失效时间。

* MAT_ADD_EROSION

MID, EXCL

PFAIL, SIGP1, SIGVM, EPSP1, EPSSH, SIGTH, IMPULES, FAILTM

MID：要定义失效准则的材料类型 ID 编号；

EXCL：被排除的标识数字，可以任取一个值(默认值为 0)，如果下面一行中某一个参数的数值与 EXCL 相同，则该参数对应的失效准则将被忽略；

PFAIL：压力失效值；

SIGP1：第一主应力的失效值；

SIGVM：主应变的失效值；

EPSSH：剪应变的失效值；

SIGTH：极限应力的数值；

IMPULSE：失效应力脉冲的值；

FAILTM：失效时间，强制由材料 MID 构成的单元在该时间失效。

各延时段具体实现过程如下：

MS3 段：

```
*MAT_ADD_EROSION
3, 567
567, 567, 567, 567, 567, 567, 567, 0.05
```

HS2 段：

```
*MAT_ADD_EROSION
4, 568
568, 568, 568, 568, 568, 568, 568, 0.5
```

HS3 段：

```
*MAT_ADD_EROSION
5, 569
569, 569, 569, 569, 569, 569, 569, 1.0
```

HS4 段：

```
*MAT_ADD_EROSION
6, 567
567, 567, 567, 567, 567, 567, 567, 1.5
```

HS5 段：

```
*MAT_ADD_EROSION
7, 568
568, 568, 568, 568, 568, 568, 568, 2.0
```

HS6 段：

```
*MAT_ADD_EROSION
8, 569
569, 569, 569, 569, 569, 569, 569, 2.5
```

HS7 段：

```
*MAT_ADD_EROSION
9, 567
567, 567, 567, 567, 567, 567, 567, 3.0
```

HS8 段：

```
*MAT_ADD_EROSION
10, 568
568, 568, 568, 568, 568, 568, 568, 3.5
```

4.3.3.4 模拟效果分析

钢筋混凝土结构大楼倒塌过程的模拟效果如图 4.28 所示。从图中可看出，随着爆破切口依次形成，结构在重力作用下按预定方向开始倾倒、倒塌，11.1 s左右倒塌过程结束。切口1至切口2之间的结构绝大部分被压碎，这与工程实际是相符的。切口2以上的结构冲击地面后解体效果并不理想，仍保持较完整状态，其原因有两点：第一，该结构自身整体性好、强度、刚度大；第二，模拟过程中没有考虑实际工程中对剪力墙的预处理。

4.3.3.5　前冲距离及堆积高度

在模拟钢筋混凝土结构大楼倒塌完成之后，即 $t=11.1$ s时，选取倒塌方向上堆积物最外沿的一个单元(单元编号63090)，如图4.29(a)所示。该单元为10号轴线顶层的一个梁单元，位置如图4.29(b)所示，因而可知单元63090在 $t=0$ s时与轴线1的水平距离为38.5 m。

分别输出单元63090在倒塌方向(x 方向)上的水平位移时程曲线，如图4.30所示。从图中可得：单元63090在 x 方向上的最大位移为 $D_{x\max}=81.1$ m。

按前述方法，可分别计算得出实例3模拟的前冲距离，如表4.3所列。

表4.3　实例3前冲距离对比表

Table 4.3　Comparison table of recoil distance of example 3

数值	实际值	模拟值
前冲距离/m	47	42.6

如表4.3所示，工程实例中的前冲距离为47 m。通过与工程实例的比较可得，模拟的误差为9.3%，表明数值模拟能较好地与实际相吻合。

4.3.4　整体式模型与分离式模型模拟结果比较分析

利用有限元软件ANSYS/LS-DYNA分别采用整体式模型与分离式模型建模，并对3个工程实例分别进行模拟分析，深刻揭示了钢筋混凝土结构大楼的爆破拆除倾倒过程和倒塌机理。

通过模拟结果与实际结果对比得出以下几点结论：

(1)在本章模拟中，整体式模型与分离式模型的模拟结果显示，误差均在10%以内，均能较好地与实际相吻合。分离式模型更贴近实际，整体式模型网格简单、单元数量少、计算时间短，两种建模方法各有优势，可以根据模拟的具体要求，灵活地选择建模方式。

(2)采用共用节点的方法建立的分离式模型，可以模拟建(构)筑物从爆破切口形成到结构整体倒塌的整个过程，还能体现结构的失稳、碰撞、断裂等现象，并且误差较小；此外，这种建模方法能够较好地模拟混凝土和钢筋在力学性能上

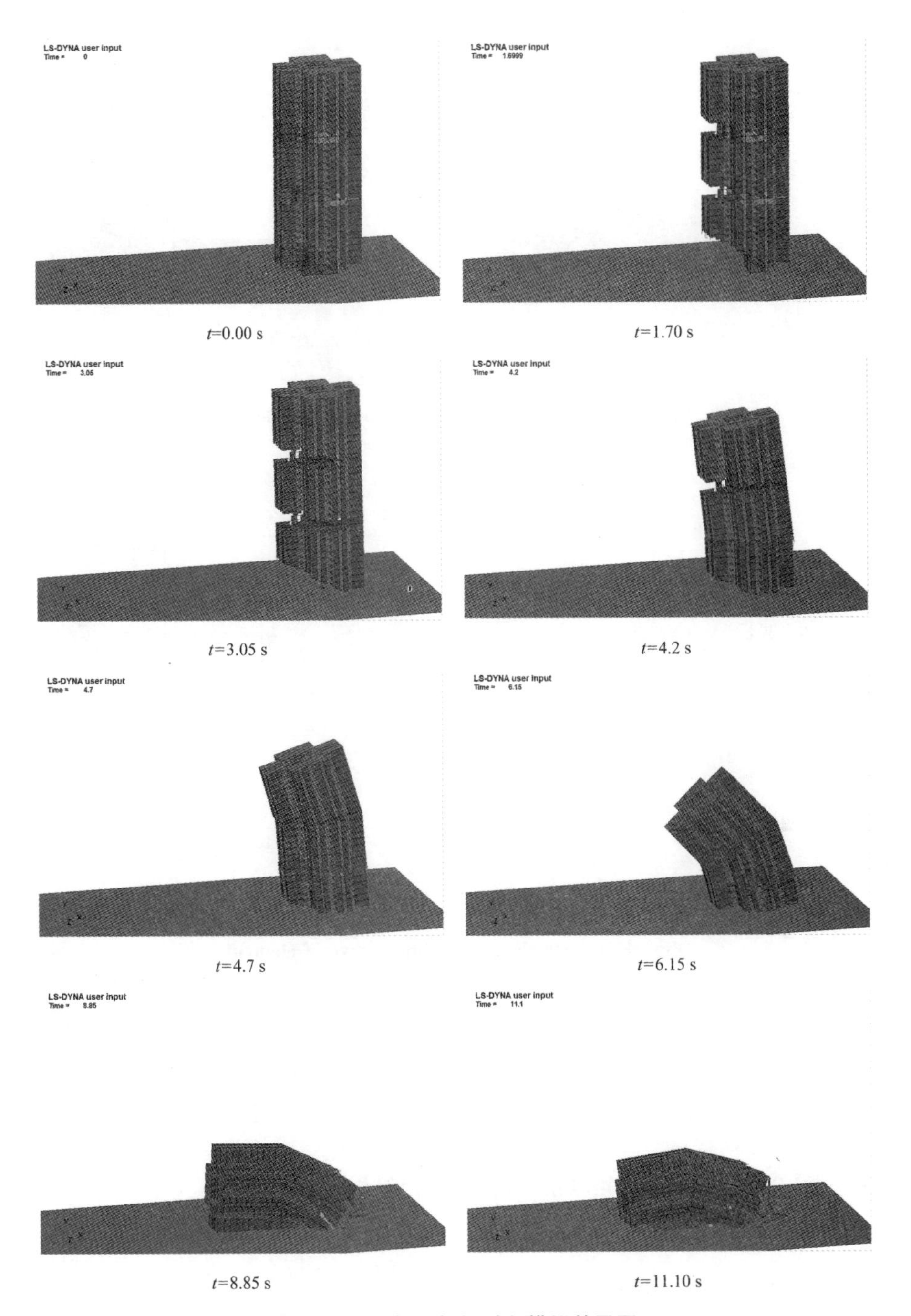

图 4.28 实例 3 倒塌过程模拟效果图

Fig. 4.28 Simulation effect diagram of collapse process of example 3

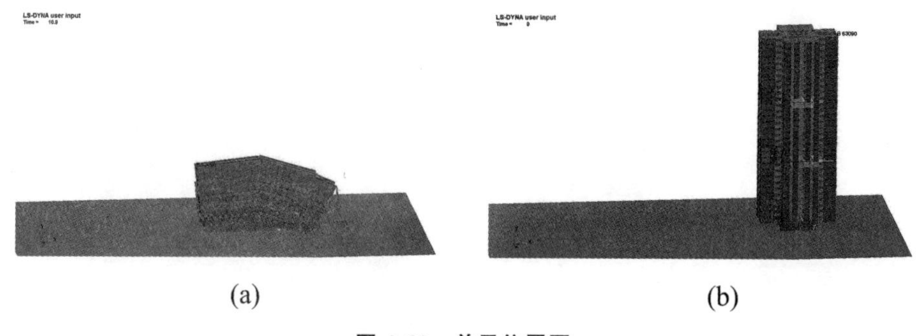

图 4.29 单元位置图

Fig. 4.29 Diagram of the location of the element

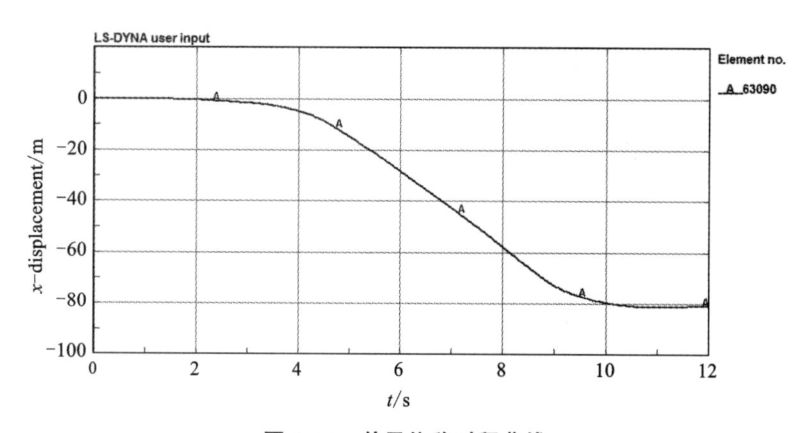

图 4.30 单元位移时程曲线

Fig. 4.30 Displacement-time curve of element

的差异，并在各种复杂条件下也能得到单元的应力状态。因此，采用共用节点分离式模型模拟效果较为贴近实际，计算结果理想。采用这种方法对爆破拆除进行模拟，可以达到预测爆破结果、减少工程风险、增加设计可靠性的目的。

4.4 爆破拆除中前冲与后坐的研究探讨

4.4.1 前冲距离的研究

本文所述的前冲距离是指在结构倒塌方向上从建(构)筑物前沿到结构破碎堆积物外沿的水平距离，即如图 4.31 中的 D。

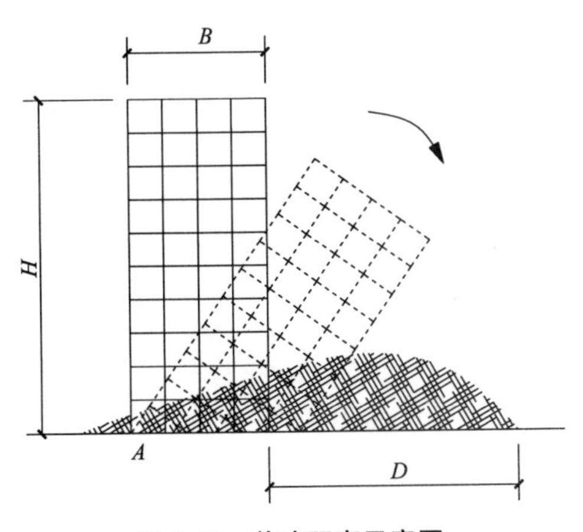

图 4.31 前冲距离示意图

Fig. 4.31 Schematic diagram of forward stroke distance

由于高层建筑结构在定向爆破拆除时，前冲距离比较大，影响的范围比较广，因而对前冲进行控制是确保定向爆破拆除安全的重要措施。在有限的空间内，缩小前冲距离具有非常重要的意义。

4.4.1.1 前冲理论分析

当切口位于最底层时，由几何关系并结合工程经验可得：

$$D = K(\frac{h}{\sin a} + H - h) - B \tag{4.1}$$

式中：h 为爆破切口高度(m)；a 为爆破切口角度(°)；H 为高层建筑结构高度(m)；B 为高层建筑结构宽度(m)；K 为前冲系数，一般 $K=1.2\sim1.3$。

式(4.1)是在理想情况下根据结构倒塌过程中几何条件的推导结合经验参数 K 而得出。

现将爆破切口上移 h_0，如图 4.32 所示。同样，按照式(4.1)的方法算得前冲距离为：

$$D = K'[\frac{h}{\sin a} + (H - h_0) - h] - B \tag{4.2}$$

现假定切口位置的改变对前冲系数的取值没有影响或影响微小，即 $K' \approx K$。则可得出如下结论：在爆破切口形状相同的情况下，切口位置的适当上移能使前冲距离减小。

由于以上结论是基于 $K' \approx K$ 的假定得到的，所以切口位置的变化对前冲距离的影响还需进一步论证。

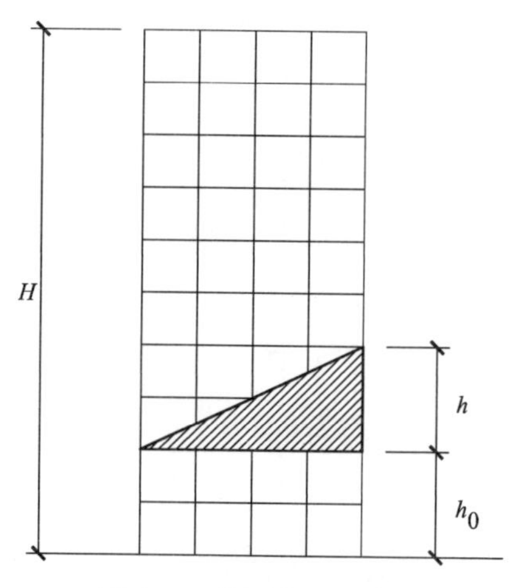

图 4.32　爆破切口示意图

Fig. 4.32　Schematic diagram of blasting cut

为了研究切口位置对前冲距离的影响，本节将通过数值模拟的方法来检验上述结论。

4.4.1.2　前冲数值模拟研究方案

通过本章对爆破拆除工程实例的数值模拟分析计算，可知本文采用的模拟方法误差小，具有较高的准确度。因此，继续采用之前应用的分离式模型的建模方法及各参数，且利用之前的工程实例 1 为研究对象，针对本节的研究问题，建立 4 个模型。4 个模型切口形状均与之前的工程实例 1 相同，其中：

1#模型，切口位置设置于 1 至 4 层；

2#模型，切口位置设置于 2 至 5 层；

3#模型，切口位置设置于 3 至 6 层；

4#模型，切口位置设置于 4 至 7 层。

以上 4 个模型均采用共用节点的方法建立钢筋混凝土分离式模型。其中建模时，钢筋采用梁单元(BEAM161)，剪力墙、柱及梁的混凝土用实体单元(SOLID164)，楼板用壳单元(SHELL163)；模型采用自动单面接触；模型中所做的简化也与之前的工程实例 1 相同：即梁、柱中不设置箍筋，其作用通过调整混凝土单元的参数达到等效的目的；通过增大钢筋截面积以减少其数量；不考虑爆炸过程的影响，直接形成爆破切口。

4.4.1.3　前冲数值模拟结果的比较与分析

(1)倒塌过程分析

4 个模型倒塌过程的模拟效果如图 4.33 所示。在切口形成后，结构因重力作用开始偏转，压坏倒塌方向上保留部分的支撑体剪力墙之后结构开始后坐，然后在最后一排柱形成转动铰，结构倾倒塌落着地。4 个模型的倒塌时间均在 6.5 s 左右。

1#至 4#模型切口的位置依次升高，通过对比发现，结构的破碎程度从 1#至 4#模型依次降低，其原因是倒塌结构的重力势能依次减小造成的。

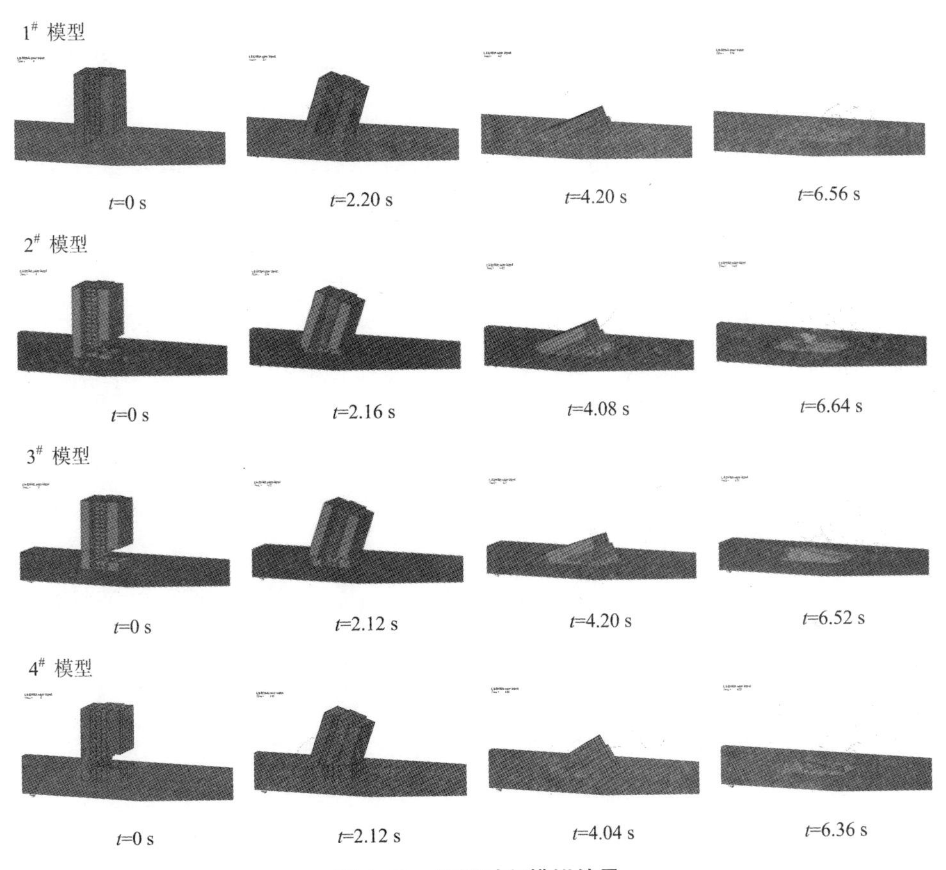

图 4.33 倒塌过程模拟结果

Fig. 4.33 Numerical simulation results of collapse process

(2)倒塌范围的比较

在数值模拟倒塌过程完成后，分别在四个模型中选取堆积物在倒塌方向上最外沿的单元，并输出其水平位移时程曲线，如图 4.34 所示。

根据所述单元，即图 4.34 中单元位移时程曲线中的单元在结构上的位置，结合单元位移时程曲线，可分别计算得出 4 个模型各自对应的前冲距离，如表 4.4 所列。

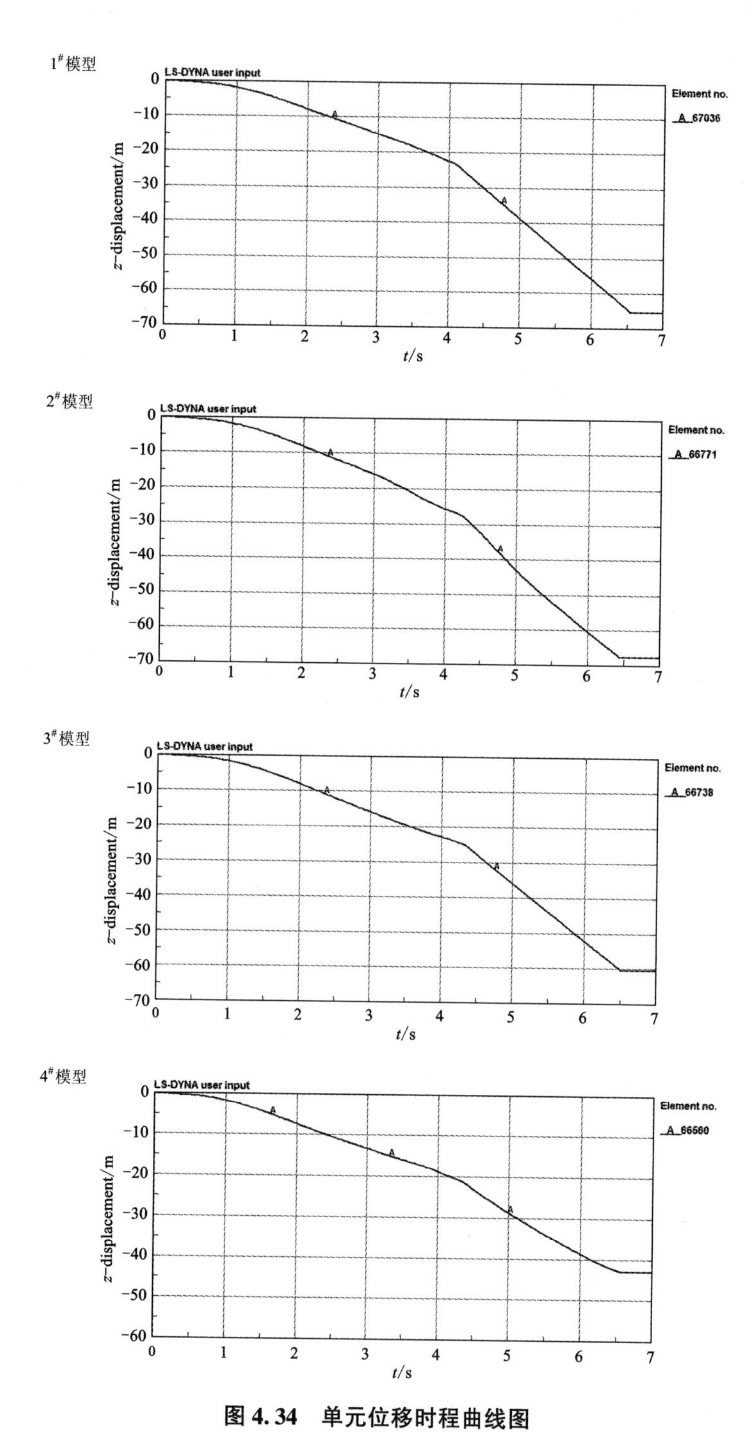

图 4.34 单元位移时程曲线图

Fig. 4.34 Unit displacement-time curves

表 4.4 前冲距离对比表

Table 4.4 Comparison table of forward stroke distance

模型	1#模型	2#模型	3#模型	4#模型
前冲距离/m	55.84	51.79	47.57	42.53

由表 4.4 可见，前冲距离随切口位置的上移而减小，这主要是由于切口位置上移使得转动铰位置也同步上移，其上的结构高度相应减小。但切口位置上移应控制在适当的范围内，否则上部结构将不足以压碎切口下部结构，达不到预期效果，而且给爆破拆除的施工带来不便。

4.4.2 后坐机理及其控制研究

4.4.2.1 后坐机理研究

建筑结构的定向爆破拆除过程中，随着结构朝预定方向倾倒，后排柱在支撑上部结构前倾的同时，也会伴随结构向后运动，这样的运动称为后坐。当后面的保留部分失去支撑能力，其上的结构随之竖直向下的运动称为下坐。

当切口层的前、中排柱及剪力墙逐次起爆形成爆破切口后，主体结构在重力作用下对预留支撑部分的作用力增强，并且形成倾覆力矩 M，使后排的支撑柱及保留的剪力墙形成抵抗弯矩端 M_2，使 A 区受压、B 区受拉，如图 4.35 所示。

$$M=mgL \tag{4.3}$$

式中：m 为切口以上剩余部分结构的质量；g 为重力加速度；L 为重心到中性轴的水平距离，如图 4.36 所示。

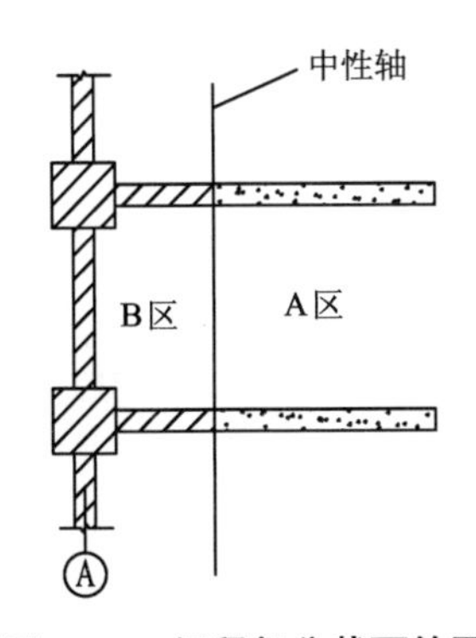

图 4.35 保留部分截面简图

Fig. 4.35 Section of reserved part

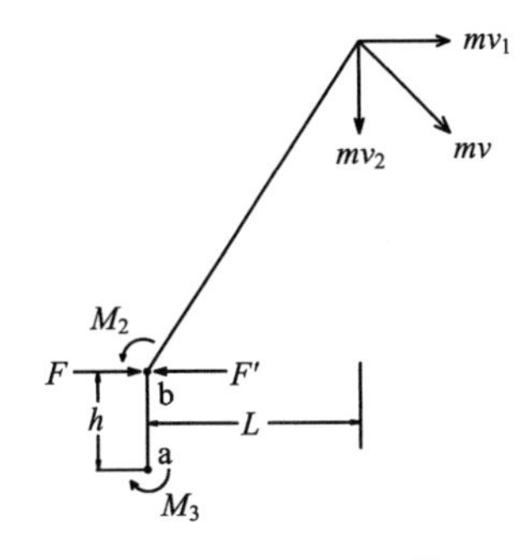

图 4.36 结构受力简图

Fig. 4.36 Structural stress diagram

当 $M>M_2$ 时，结构才能顺利倾倒。此后 A 区混凝土持续地被压坏失效，后排柱受拉，因有钢筋的存在，中性轴不断往后移动，最终在后柱上端 b 处产生塑性铰，结构上部将绕“铰 b”向前倾倒，如图 4.36 所示。后排柱上端受到梁与楼板的约束，其抵抗弯矩小于后跨上各层梁端抵抗弯矩，因此“铰 b”的位置一般在梁与柱相交处。

结构保留部分的剪力墙和柱被破坏并形成塑性铰 b 之后，其受力情况可简化成如图 4.36 所示的情况。设某时刻结构的重心绕“铰 b”转动倾倒的速度为 v，水平方向上的分量设为 v_1，所以结构在水平方向上的动量为 mv_1。要使结构有水平方向的动量 mv_1，则铰 b 处应对结构提供水平方向的力 F，且满足 $Ft=Mv_1$，t 为切口形成至重心速度为 v 的时间。与此同时，结构对铰 b 产生反力 F'，其大小与 F 相等，方向相反，如图 4.36 所示。该反力对柱底形成力矩 $F'h$，当 $F'h>M_3$（M_3 为柱底抵抗矩）时，将在柱底处形成塑性铰 a，结构开始后坐运动，如图 4.37 所示。当后排柱混凝土破坏失效失去支撑能力，结构开始下座。

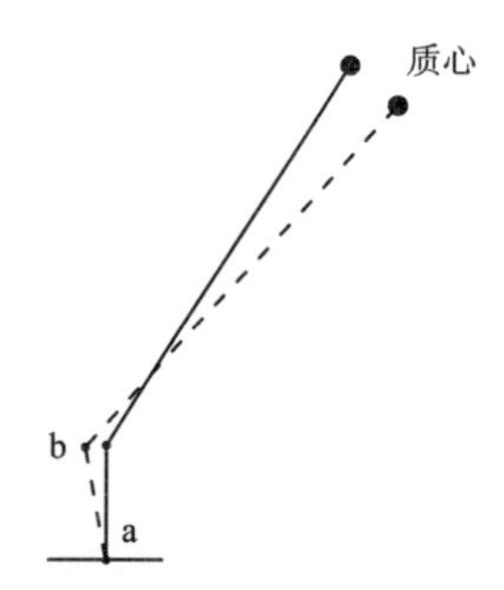

图 4.37　结构运动简图

Fig. 4.37　Structure movement diagram

4.4.2.2　后坐控制分析研究

根据以上分析，要减小结构的后坐，可考虑以下方法：

方法 1：削弱或消除后排柱的支撑，使结构提前或直接进入下坐阶段；

方法 2：在适当的范围内，减小后排支撑柱高度（如图 4.36 中 h），使铰 a 转动半径减小，从而达到减小后坐的目的。

为了验证以上关于减少后坐的方法，本节将利用数值模拟分析方法进行探讨。

以下所有模型均采用共用节点的方法，建立钢筋混凝土分离式模型。其中，建模时钢筋采用梁单元（BEAM161），剪力墙、柱及梁的混凝土用实体单元（SOLID164），楼板用壳单元（SHELL163）；模型采用自动单面接触；模型中所做的简化与前述一致：梁、柱中不设置箍筋，其作用通过调整混凝土单元的参数达到等效的目的；增大钢筋截面积以减少其数量；忽略爆炸过程，不考虑爆炸的影响直接形成爆破切口。

1）方法 1 的验证

以前述实例 1 为研究对象，在原针对实例 1 所建立的数值模拟分析模型的基础上，将其第 4 层后排支撑柱切断，以模拟其后坐过程，并与原模型的后坐过程做对比分析。

（1）模拟结果

实例 1 在进行切断后排支撑柱处理前的后坐过程及处理后的后坐过程模拟结

果如图 4.38 所示。

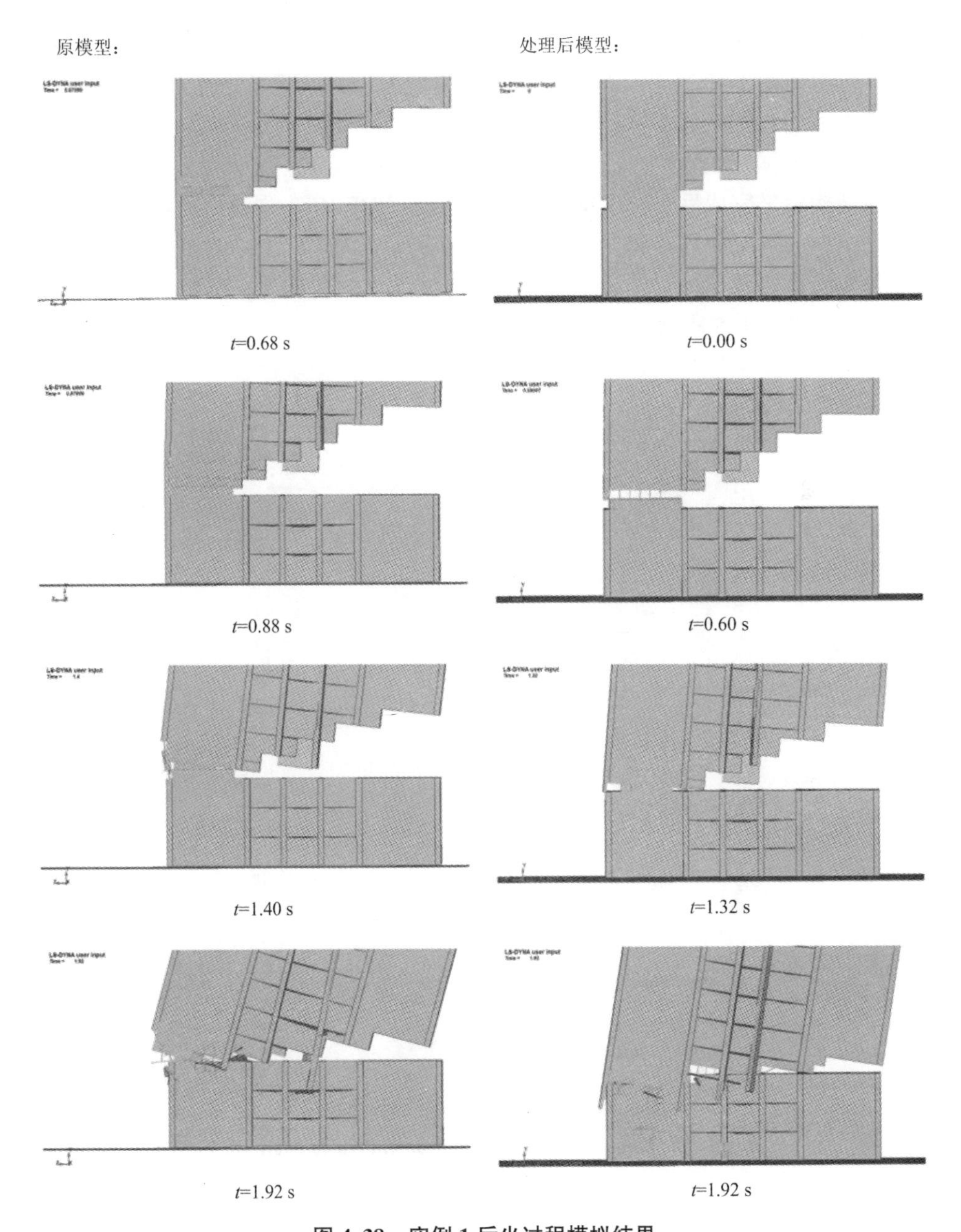

图 4.38　实例 1 后坐过程模拟结果

Fig. 4.38　Numerical simulation results of recoil process of example 1

由图 4.38 可以看出，实例 1 在切口形成后 0.68 s 时可以看到第四层的剪力墙明显破坏，在 0.88 s 时第四层柱顶，即第四层柱与梁相交处，形成了“铰 b”，随即在第四层柱底形成“铰 a”，开始了其后坐过程，并在 1.92 s 时，支撑柱完全失效，结构开始下座。在没有后排柱支撑的情况下，保留部分剪力墙被压坏后，结构直接下坐，没有明显的后坐过程。

(2)后坐距离对比

在结构后坐完成后，选取外沿的单元在 LS-PREPOST 中输出其水平位移，可以得到结构的后坐位移时程曲线。如图 4.39 所示。为实例 1 中的结构在有后排柱支撑和无支撑两种情况下的后坐位移时程曲线。由此得到对应两种情况下的最大后坐距离，如表 4.5 所示。

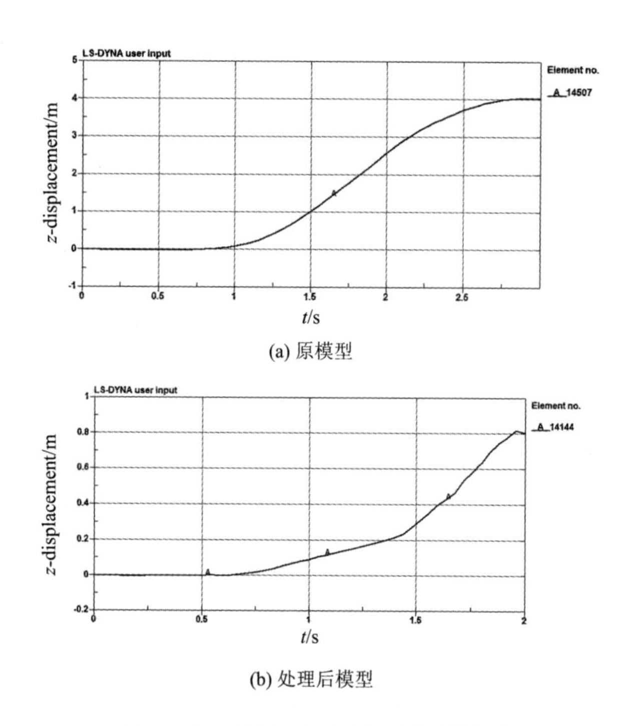

图 4.39 实例 1 后坐位移时程曲线图

Fig. 4.39 Recoil displacement-time curves of example 1

表 4.5 实例 1 后坐距离表

Table 4.5 Recoil distance table of example 1

	处理前	处理后
最大后坐距离/m	4.05	0.82

从表 4.5 可以看出，后排柱的支撑可以很大程度上减小结构后坐距离，这与前文的理论分析是一致的。

2)方法 2 的验证

以前述的实例 2 为研究对象，在原实例 2 结构数值模拟分析模型的基础上将切口下移，使后排支撑柱长度变短，模拟其后坐过程，并与原模型的后坐过程做对比分析。

(1)模拟结果

实例 2 在进行切口下移柱处理前的后坐过程及处理后的后坐过程模拟结果如图 4.40 所示。

实例 2 中，0.32 s 时在第二层柱顶形成“铰 b”，此时对应的支撑柱高度 h 为 8.4 m。在此之前虽然没有明显看到剪力墙被压坏失效，但是在 0.32 s 时可以观察到第一层和第二层的剪力墙已经“错位”，说明剪力墙已经失去了支撑能力。

从图 4.40 中可以看到实例 2 中的“铰 b”下移到了一层柱顶，即后排支撑柱高度 h=4.3 m，在这样的情况下仍然有比较明显的后坐过程。

(2)后坐距离对比

分别选取实例 2 在两种情况下的外沿单元，在 LS-PREPOST 中输出其水平位移，得到结构的后坐位移时程曲线。如图 4.41 所示为实例 2 结构在减小后排支撑柱高度前后的后坐位移时程曲线图。由此可分别得出对应处理前后两种数值模拟分析模型情况下的最大后坐距离，如表 4.6 所列。

表 4.6 实例 2 后坐距离表

Table 4.6 Recoil distance table of example 2

	处理前	处理后
最大后坐距离/m	6.44	3.55

实例 2 中铰 a 到铰 b 的距离，即 h 为 8.4 m，减小后排支撑柱高度后，h 为 4.3 m；由表 4.6 对比实例 2 的钢筋混凝土结构两种情况下的后坐距离，可以发现，减小后排支撑柱高度确实可以有效地减小后坐距离，这就验证了前文中提出的减小后坐的第二种方法，即减小后排支撑柱高度 h 可以达到减小后坐的目的。

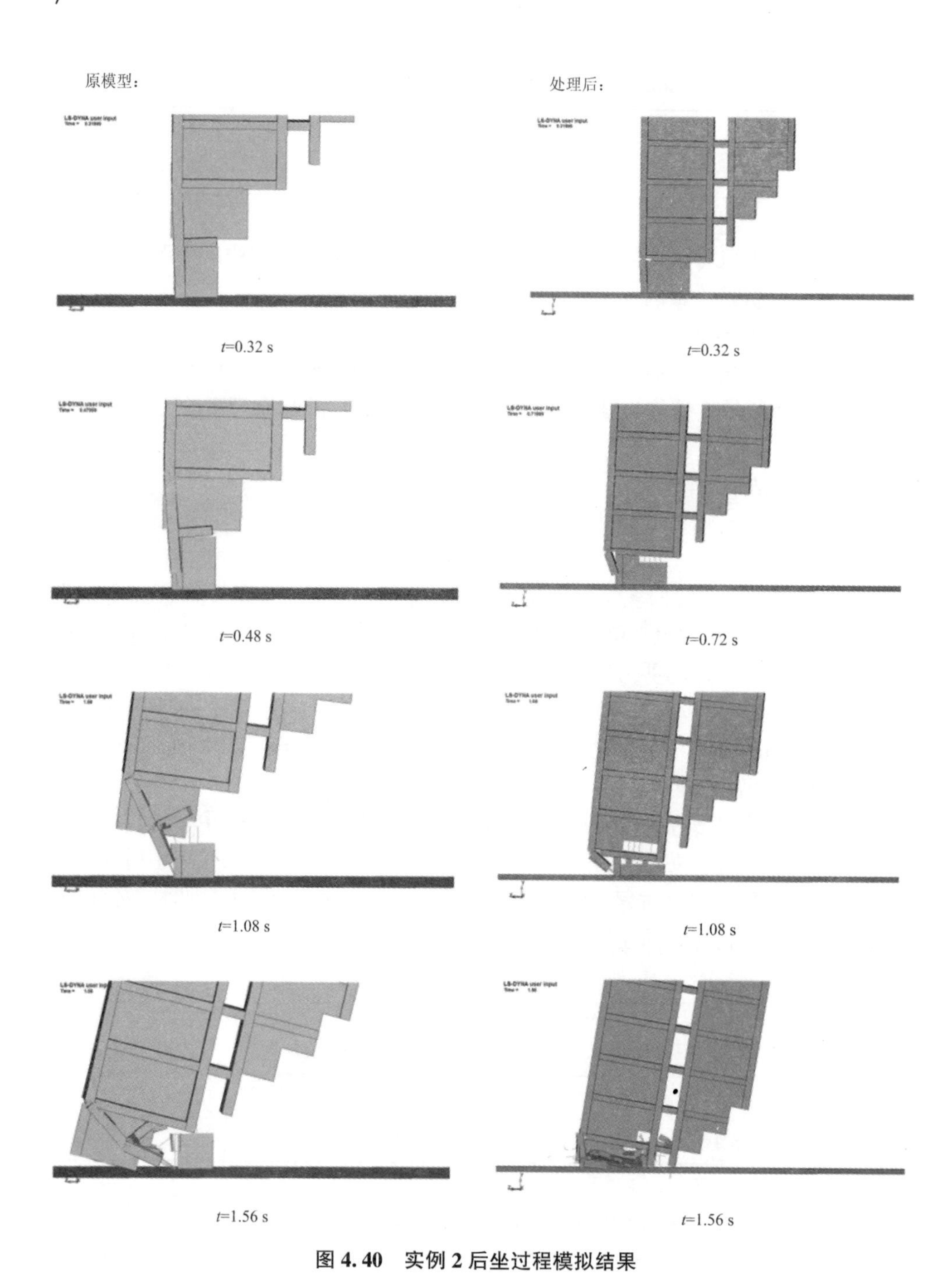

图 4.40　实例 2 后坐过程模拟结果

Fig. 4.40　Simulation results of recoil process of example 2

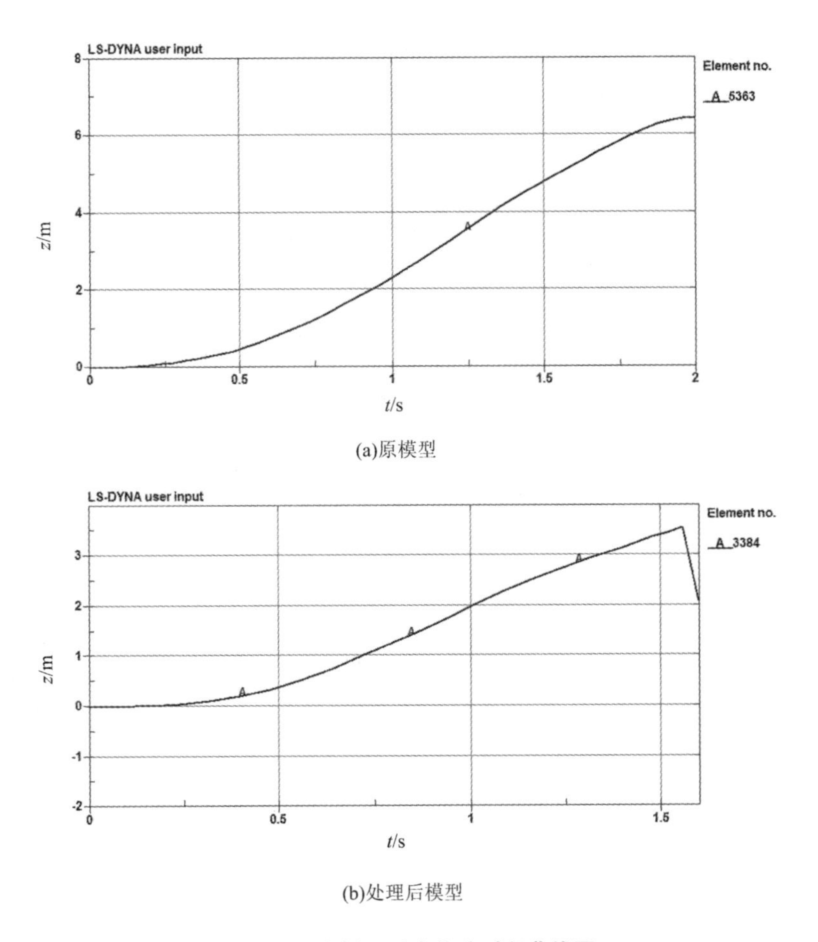

(a)原模型

(b)处理后模型

图 4.41　实例 2 后坐位移时程曲线图

Fig. 4.41　Recoil displacement-time curves of example 2

4.4.3　前冲与后坐的分析探讨

前述已经采用理论研究和数值模拟相结合的方法分析研究了典型钢筋混凝土结构爆破拆除中爆破切口位置对钢筋混凝土结构倒塌破碎前冲距离的影响；并且，分析研究了典型钢筋混凝土结构爆破拆除中的后坐机理及其控制措施，提出了直接让切口之上的结构下坐或减小后排支撑柱高度以减小后坐的两种具体方法，进而用数值模拟方法进行了论证。从分析研究中可见：

(1)通过 1#至 4#数值模拟分析模型，发现切口位置上移不但能有效地减少结构的前冲距离，而且结构触地后的破碎程度会相应降低。

切口位置的移动同时影响着前冲距离及结构破碎程度，因此，应科学地安排爆破切口的位置。

(2)减小钢筋混凝土结构爆破拆除后坐可以有以下两种方法：第一，削弱或消除后排柱的支撑，使结构提前进入下座阶段或直接下座；第二，减小后排支撑柱高度 h，使铰 a 转动半径减小，从而达到减小后坐的效果。

(3)钢筋混凝土结构爆破拆除工程中，单个工程的复杂性和不可重复性，决定了不可能对每一次爆破过程进行实际试验，因而借助数值模拟的方法进行模拟试验，在设计上可以预测爆破结果以防范和降低安全风险，在研究上可以贴近实际工况进行工程仿真研究。

5　高耸筒形结构爆破拆除

5.1　引言

烟囱、水塔是典型的高耸筒形结构，迄今为止，高耸筒形结构的爆破拆除一直是国内外研究的热点，就国内情况来看，除非场地特别狭小不具备爆破拆除条件，城市绝大部分高耸结构采用爆破方法拆除。相对而言，爆破拆除不但安全性好、成本低，而且速度快，具有极大优势。

爆破拆除方法即在高耸筒形结构的底部炸开一个切口，使其失去平衡，上部筒体在重力矩作用下定向倾倒，触地破碎而解体。高耸筒形结构爆破拆除的基本力学原理和根本问题是失稳倾倒，其核心是筒形结构的倾倒失稳条件及倾倒过程，而要实现高耸筒形结构爆破拆除的顺利失稳倾倒目的，必须把握好爆破切口设计和施工关。

几十年来，人们在完成大量高耸筒形结构爆破拆除工程的同时，及时收集、整理资料，总结工程经验，已基本掌握了这一结构形式的爆破拆除技术。但多年来的实际工程中时有失误发生，主要原因在于：不仅每一高耸筒形结构有其自身的结构特点，而且各自所处的环境不同；另外则是爆破切口及装药量设计不合理，对爆破切口的诸参数及参数之间的关系缺乏深入研究，导致爆破实施中爆破切口不能满足爆破拆除工程的需要，造成高耸筒形结构爆而不倒或不能按工程设计要求倾倒。

以上所述说明，对高耸筒形结构爆破拆除的物理过程、失稳机理、参数选取等问题还有待进一步深入研究。其一，将筒体定向倒塌过程当作刚体绕切口两端连线为轴做定轴转动过于简化，掩盖了其真实倾倒的物理力学过程；其二，砖砌高耸筒形结构与钢筋混凝土高耸筒形结构失稳、倾倒的物理力学过程不同，不可混淆；其三，必须结合高耸筒形结构的具体情况进行分析研究。

为了深刻揭示高耸筒形砌体结构和钢筋混凝结构的定向倾倒失稳机理及过程，使控制爆破拆除过程和目的为人们所能预测和控制，安全顺利地实施和完成爆破拆除任务，下面根据力学原理进行深入系统研究。

5.2 砖砌(素混凝土)高耸筒形结构定向倾倒研究

5.2.1 失稳倒塌条件

砌体或素混凝土筒形结构定向倾倒的原理是：在结构倾倒一侧的底部，将筒形结构的筒壁爆破一个切口，预留壁(保留不爆破的筒壁剩余部分)在其上部结构力的作用下产生大偏心压缩的同时，上部结构所受的足够大倾倒力矩使之失稳而按预定方向倾倒。

筒形结构失稳条件包括：爆破切口形成瞬间的失稳条件和筒形结构失稳倾倒后继续失稳条件。爆破切口形成时，筒形结构自身重力矩即为倾覆力矩，它必须大于预留壁的阻力矩，切口闭合时，建筑物能否继续倾倒取决于其重心是否偏移出新支点，重力作用线必须移至新支点外，才可能继续倾倒。

鉴于此，在确定好爆破方案以及孔深、孔距和排距后，切口角度和高度就成为设计的关键。

(1)切口高度

为简化讨论，设筒体截面不随高度变化，质量均匀分布，至于其他情况，讨论方法完全相同。

如图 5.1 所示的筒形结构，C 为重心，L 为高度，R 为半径，阴影部分为爆破切口，B 为爆破切口上边沿最右边筒外壁上的点，图中筒体向右倾倒，先是以垂直于纸面的 x''为转轴向右倾倒，B 点触地后，以过 B'点即 B 点的触地点而垂直于纸面的轴为转轴继续向右倾倒，筒体继续向右倾倒过程中其重心的运动轨迹与过 B'点而垂直于水平面的直线交于一点，记为 C'，由于存在能量损失，那么，根据力学原理可知 $B'C'<L/2$，由此式可以得到，爆破切口高度应满足的基本条件为：

$$h > \frac{L}{2} - \sqrt{\frac{L^2}{4} - R^2} \tag{5.1}$$

切口的高度太小，筒体就不可能按预定方向倾倒。

考虑到空气阻力及筒体触地并非完全弹性，实际设计切口高度应大于($L/2-\sqrt{L^2/2-R^2}$)，此外切口最低处要高出地面 0.5 m 以上，这既有利于施工，便于人工钻眼和装药，更重要的是有利于筒体按预定方向倾倒，避免筒体倾倒方向发生改变。

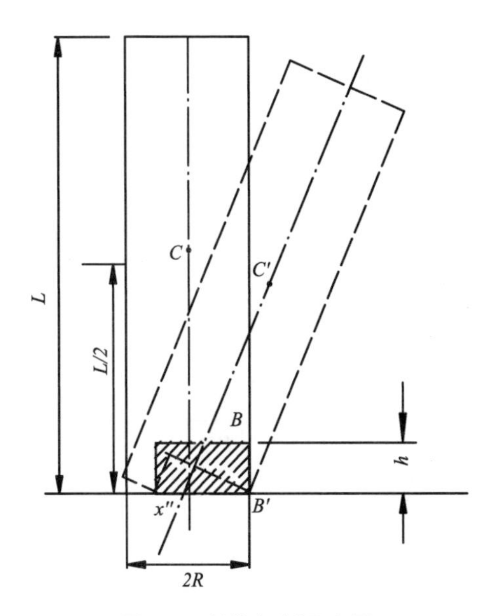

图 5.1　筒体倾倒示意图

Fig 5.1　Tubular building collapse diagram

(2)筒体切口角度

图 5.2 所示为预留壁的截面，对应的圆心角为 2α，内、外半径分别为 r 和 R，y 轴的负向为倾倒方向，O 为筒体截面形心，O'为预留壁截面形心，根据材料力学理论，预留壁截面形心的偏心距 e，亦即 OO'为：

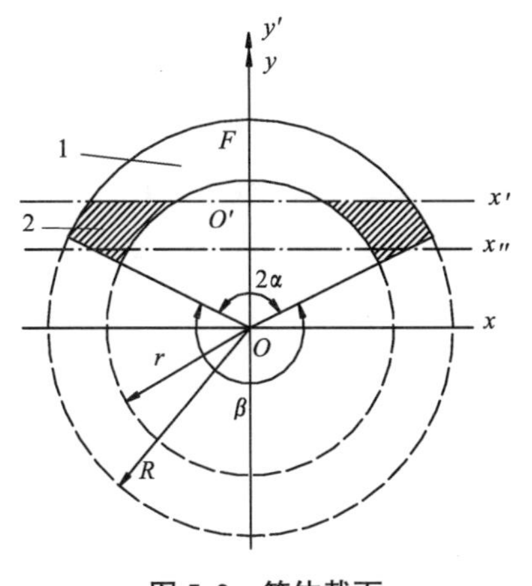

图 5.2　筒体截面

Fig 5.2　Transverse section of tubular building

$$e=\frac{\int y\mathrm{d}A}{A} \tag{5.2}$$

式中：e 为截面形心位置，即偏心距。

$$\int_A y\mathrm{d}A=\int_A y\mathrm{d}x\mathrm{d}y=2\int_r^R\int_0^\alpha r'^2\cos\theta\mathrm{d}r'\mathrm{d}\theta=\frac{2(R^3-r^3)\sin\alpha}{3} \tag{5.3}$$

预留壁截面面积为：

$$A=\int_A \mathrm{d}x\mathrm{d}y=2\int_r^R\int_0^\alpha r'\mathrm{d}r'\mathrm{d}\theta=(R^2-r^2)\alpha \tag{5.4}$$

式(5.3)、(5.4)代入式(5.2)得

$$e=OO'=\frac{2}{3}\cdot\frac{R^3-r^3}{R^2-r^2}\cdot\frac{\sin\alpha}{\alpha} \tag{5.5}$$

结构的质量 m 为：

$$m=\iiint\rho\mathrm{d}x\mathrm{d}y\mathrm{d}z=\iiint\rho r'\mathrm{d}r'\mathrm{d}\theta\mathrm{d}z \tag{5.6}$$

式中：ρ 为筒形结构的密度。

筒形结构体积为

$$V=\iiint\mathrm{d}x\mathrm{d}y\mathrm{d}z$$

那么，质心的高度 Z_c 为

$$Z_c=\frac{1}{m}\iiint z\rho\mathrm{d}x\mathrm{d}y\mathrm{d}z$$

爆破切口形成以后，预留壁受到上部筒体的作用力而偏心压缩，结构重力产生的倾倒力矩为：

$$M=mge \tag{5.7}$$

式中：g 为重力加速度。

由材料力学理论可知，截面正应力表达式为：

$$\sigma=-\frac{mg}{A}+\frac{My'}{I} \tag{5.8}$$

式中：y' 为 $x'O'y'$ 坐标中的 y' 坐标值；I 为截面对过形心 x' 轴的惯性矩。

根据截面几何性质理论

$$I=I_x-e^2A \tag{5.9}$$

式中：I_x 为截面对 x 轴的惯性矩。

根据定义有

$$I_x=\int_A y^2\mathrm{d}A$$

由此积分可得

$$I_x = \frac{1}{4}(R^4 - r^4)(\alpha + \frac{\sin 2\alpha}{2})$$

上述结果代入式(5.9)可得：

$$I = \frac{R^4 - r^4}{4}(\alpha + \frac{\sin 2\alpha}{2}) - e^2\alpha(R^2 - r^2) \tag{5.10}$$

一般来说，当偏心足够大时，倾倒力矩 M 使受拉区边缘 F 点应力最大，并最先达到抗拉强度极限，随之在 F 点出现裂缝，并逐渐发展，中性轴 x' 也同时向 x'' 轴靠近，使受压区减小，直至发生压溃，受拉区消失，可近似认为筒体在倾倒力矩作用下开始绕 x'' 轴做定轴转动。

由于脆性材料的极限拉应变很小，一般混凝土的极限拉应变仅为 0.0001 ~ 0.00015，因此筒体从开始裂缝至绕 x'' 轴做定轴转动，筒体由直立变为稍有倾斜，倾倒力矩变化不大。

由以上分析可知，决定筒体倾倒失稳的条件是受拉区边缘 F 点应力 σ_F 与材料抗拉强度极限 σ_b 满足下式：

$$\sigma_F \geqslant \sigma_b \tag{5.11}$$

即

$$\frac{M(R - e)}{I} - \frac{mg}{A} \geqslant \sigma_b \tag{5.11a}$$

由于对每一个具体的筒形结构，R、r、L、σ_b 均为已知定值，根据分析知，I、e、M 均取决于 α 的大小，与式(5.11a)中等式相对应的结构倾倒实现的临界值，分别记为 I_0、e_0、M_0，偏心弯矩小于 M_0 则不能使结构倾倒，也就不为倾倒力矩，而是仅产生弯曲变形的弯矩。

与上述临界值相对应的预留壁临界半角为 α_0，它是定向倾倒得以实现的关键值，在不计风载荷和振动偏心时，筒体失稳倾倒仅由 α 决定。

对应于 α_0，$2(\pi - \alpha_0)$ 为临界爆破切口角度，由此可知，设计切口角度取值应为：

$$\beta \geqslant 2(\pi - \alpha_0) \tag{5.12}$$

此外，受压区起初最大压应力为：

$$\sigma_- = \frac{M(e - R\cos\alpha)}{I} + \frac{mg}{A} \tag{5.13}$$

为有效控制倾倒方向及防止后坐，初始阶段 σ_- 不应大于材料极限抗压强度 σ_{-b}，即应满足下式

$$\sigma_- \leqslant \sigma_{-b} \tag{5.14}$$

将式(5.13)代入式(5.14)可得

$$\frac{M(e - R\cos\alpha)}{I} + \frac{mg}{A} \leqslant \sigma_{-b}$$

这样有利于防止受压区过早破坏而可能造成后坐和改变倾倒方向。

设计中爆破切口角度一般取值为 $\pi \sim 3\pi/2$，这与理论分析吻合，切口角度太大，则预留壁小，由于材料抗压强度极限为有限值，因此预留壁易过早受破坏，若如此，既不利于控制上部筒体结构的倾倒方向，也不利于控制其后冲。

5.2.2 定轴转动

通过爆破切口高度和切口形状的合理设计，筒体自失稳后以 x'' 轴做定轴转动，直至着地。

筒体的转动惯量为：

$$J = \iiint_V \eta^2 \rho \mathrm{d}x\mathrm{d}y\mathrm{d}z$$

对于筒形结构

$$\begin{aligned} J &= \iiint_V \eta^2 \rho r' \mathrm{d}r' \mathrm{d}\theta \mathrm{d}z \\ &= \iiint_V (z^2 + r'^2\cos^2\theta)\ r'\rho \mathrm{d}r'\mathrm{d}\theta\mathrm{d}z + a^2\iiint_V \rho \mathrm{d}r'\mathrm{d}\theta dz \\ &= J_c + a^2 m \end{aligned}$$

a 为重心到 x'' 轴的距离，它们的大小分别为：

$$a = \sqrt{\left(\frac{L}{2}\right)^2 + R^2\cos^2\alpha}$$

通过积分可得

$$\begin{aligned} J_c &= \iiint (z^2 + r'^2\cos^2\theta) r'\rho \mathrm{d}r'\mathrm{d}\theta\mathrm{d}z \\ &= 2\int_r^R\int_0^\pi\int_{-\frac{L}{2}}^{\frac{L}{2}} (z^2 + r'^2\cos^2\theta) r'\rho \mathrm{d}r'\mathrm{d}\theta\mathrm{d}z \\ &= \frac{m}{12}[L^2 + 3(R^2 + r^2)] \end{aligned}$$

体积

$$V = 2\pi\iint r'\mathrm{d}r'\mathrm{d}z$$

由于转动过程中机械能守恒，那么

$$\frac{1}{2}J\omega^2 = mg\frac{L}{2} - mga\sin\theta \tag{5.15}$$

式中：L 为筒高；θ 为重心与 x'' 轴的垂直连线与地面的夹角，$\theta < \pi/2$；ω 为绕 x'' 轴的角速度。

对于质量随高度改变的其他情况，重心和转动惯量也可通过积分求得。

解(5.15)式，得

$$\omega = \sqrt{\frac{mg}{J}(L - 2a\sin\theta)} \tag{5.16}$$

这就是转动角速度与 θ 的关系，由上式可得筒体落地速度，其重心落地速度大小为：

$$v_c = a\sqrt{\frac{mgL}{J}} \tag{5.17}$$

以上对筒形结构定向倾倒所做的讨论，未考虑震动和风载荷；至于爆炸动荷对倾倒方向没有影响。

5.3 钢筋混凝土筒形结构定向倾倒拆除研究

高耸筒形结构多为钢筋混凝土结构，虽然它与砖砌筒形结构有许多共同之处，但由于所采用的建筑材料完全不同，因而，两者在拆除倾倒过程中遵循的力学机理和发生的力学现象有很大区别。本节试图就钢筋混凝土筒形结构定向倾倒条件和过程做分析研究。

5.3.1 失稳倾倒条件

高耸筒形钢筋混凝土结构定向倾倒必须满足两个条件：

(1)爆破切口露出来的钢筋在其筒体作用下失稳；

(2)具有足够大的能使筒体倾倒的力矩。

要满足这两个条件，就必须正确设计爆破切口高度和切口角度。

5.3.2 切口高度

切口高度决定着筒形结构能否倒塌和塌落速度，对于钢筋混凝土筒形结构来说，应该根据压杆失稳原理进行分析，同时考虑结构厚度和底部半径，并结合工程经验综合确定。

现在的问题在于确定压杆的计算长度，压杆计算长度与杆端约束有关，约束性能越强，计算长度越小，两端固定的压杆，其计算长度只有压杆长度 H_0 的 1/2 倍，即计算长度 $H=H_0/2$，一端固定而另一端自由的压杆，约束性最弱，计算长度为压杆长度 H_0 的 2 倍，即 $H=2H_0$，因此，对爆破切口的钢筋进行不同的压杆模型处理，所得的结果是不同的。大量工程反映的实际情况是爆破后的切口钢筋两端是固定的，钢筋一般未炸断，钢筋炸断需要的装药量太大，因而导致巨大的爆破公害，是控制爆破所不允许的，但爆破已使钢筋发生残余变形，导致失稳的临界荷载减少，所以不能把它作为两端固定的压杆处理，而作为上端自由、下端固定的压杆比较符合实际。

设筒形结构质量为 P，有 n 根纵向钢筋沿筒壁均匀分布，每根钢筋直径为 d，横截面积为 A，极限应力为 σ，弹性模量为 E_0。

首先进行压缩强度校核，若实际作用在各纵向钢筋上的压力荷载 P/n 大于钢筋能承受的极限压力荷载 σA，即 $P/n>\sigma A$ 时，则钢筋必然发生压缩破坏，那么立柱随之下塌，否则要进行压杆稳定计算。

下面根据压杆失稳原理来确定筒形结构的最小破坏高度 H_{min}。

当 $P/n<\sigma A$ 时，由欧拉公式计算临界荷载 P_m，则

$$P_m=\frac{\pi^2 EI}{(2h)^2}=\frac{\pi^2 EI}{4h^2} \tag{5.18}$$

式中：h 为压杆长度(即暴露出的钢筋高度)；I 为钢筋截面对形心轴的惯性矩。

因将切口处钢筋当作一端自由、一端固定的压杆，于是可得

$$\lambda=\frac{2h}{\sqrt{I/A}}=\frac{8h}{d}$$

式中：λ 为压杆柔度。

对于普通钢材，欧拉公式的适用条件为 $\lambda\geqslant 100$，亦即 $h\geqslant 12.5d$。若取 $\lambda=100$，即 $h=12.5d$ 作为最小破坏高度 H_{min}，代入式(5.18)可得：

$$P_m=\frac{\pi^2 EI}{625d^2} \tag{5.19}$$

那么，当 $P_m\leqslant P/n$，则承重钢筋必然失稳，此时可取最小破坏高度 $H_{min}=12.5d$。

若 $P_m>P/n$，则可由式(5.18)反求压杆长度 h，此时令 $P/n=P_m$，代入式(5.18)后即可得压杆长度：

$$h=\left(\frac{\pi}{2}\right)\sqrt{\frac{EIn}{P}}$$

此时，按上式计算所得的 h 即可作为最小破坏高度，就是说

$$H_{min}=\left(\frac{\pi}{2}\right)\sqrt{\frac{EIn}{P}} \tag{5.20}$$

式中：H_{min} 为最小破坏高度。

由以上讨论得到的最小破坏高度是其临界值。由于爆破切口上布设有箍筋，若爆破药量单耗足够高，将爆破切口上布设的箍筋爆离了这些纵向钢筋，那么箍筋对这些钢筋的失稳无影响，否则它将影响这些纵向钢筋的失稳；同时，如在砖砌筒形结构倾倒分析中已指出的，切口闭合时建筑物重力作用线必须移至新支点外。因此设计爆破切口高度应大于最小破坏高度。

5.3.3　切口角度

合适的爆破切口高度是筒体倾倒的一个基本条件，要使筒体倾倒还必须具备能使筒体倾倒的力矩。

如图 5.3 所示，AYB 为爆破切口，切口角度为 2β，为保证筒体向 Y 方向倾倒（Y 为爆破切口所对应圆弧的中心点），要求 $2\beta>\pi$，因此，在筒体的爆破切口高度内，未爆的预留壁（见图 5.3 阴影部分 AFB）受到切口之上筒体的偏心压力作用而成为偏心受压构件，而且是大偏心受压，预留壁的破坏类似于适量配筋的受弯构件，预留壁横截面部分受拉，部分受压，极限应变大致为 0.0001～0.00015，烟囱、水塔等筒形结构正常工作时是受轴向压缩的，只是在风载荷作用下，周壁各部分应力出现差异，正因为在上部筒体的偏心压力（一般爆破切口长度超过周长的 2/3）作用下，切口两端的预留壁处于受压状态，而离切口两端较远的预留壁受拉，预留壁所对应的圆弧壁外边缘所受拉应力最大，即图中 F 点所受拉应力最大，F 点混凝土最先被拉裂，F 点附近的钢筋进入屈服状态，且裂缝不断向内发展。随钢筋塑性变形的发展，裂缝迅速开展，钢筋在开裂处的应力很快进入屈服阶段，受压区很快减小，应变迅速增加，最后混凝土达到压缩极限应变，这时受压区达到最小，预留壁两端混凝土部分被压溃。

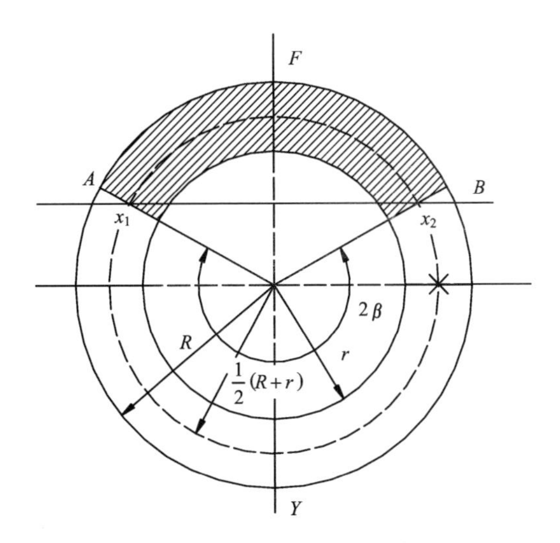

图 5.3　钢筋混凝土筒体截面

Fig 5.3　Transverse section of reinforced concrete tubular building

由于混凝土抗压强度远高于抗拉强度，同时，筒形结构纵向钢筋的配筋率一般小于 1%，因此，在进行倾倒条件研究时可以假定，受压区处于预留壁与爆破切口交界处的狭窄范围内，我们以 x_1x_2 为筒体倾倒时的转轴，那么受压区对 x_1x_2 转轴的阻力臂小，因此对筒体产生的阻力矩很小，可以略去不计，而受拉区的拉力全部由钢筋产生，除处于 x_1 和 x_2 处的两根外(双层配筋为四根)，其余钢筋几乎全部处于屈服受拉状态，因此倾倒时，x_1x_2 轴一旁预留壁产生的拉力为：

$$F=\left[n\left(1-\frac{\beta}{\pi}\right)-n'\right]\sigma_s A \tag{5.21}$$

式中：σ_s 为钢筋拉伸屈服应力；A 为单根纵向钢筋的横截面积；n' 为不产生拉力的钢筋数，单层配筋时取 $n'=2$，双层配筋时，取 $n'=4$。

由分析可知，转轴 x_1x_2 一边，爆破预留壁的上部筒体受重力为：

$$G_1=\left(1-\frac{\beta}{\pi}\right)P$$

另一边爆破切口之上筒体重力为：

$$G_2=\frac{\beta}{\pi}P$$

由于筒体壁厚 t 与筒体半径相比小得多，通过积分可得

$$L_1=\left(\frac{1}{2}\right)(R+r)\cdot\left[\cos\beta+\frac{\sin\beta}{(\pi-\beta)}\right] \tag{5.22}$$

$$L_2=\left(\frac{1}{2}\right)(R+r)\cdot\left[-\cos\beta+\frac{\sin\beta}{\beta}\right] \tag{5.23}$$

式中：L_1 为预留壁上部分筒体重力作用线到 x_1x_2 轴的距离；L_2 为爆破切口之上部分筒体重力作用线到 x_1x_2 轴的距离。

同理，筒体预留壁的钢筋形心与 x_1x_2 轴的距离亦为 L_1，当筒体向 Y 方向倾倒时，x_1x_2 轴一边爆破切口处暴露出来的钢筋受压失稳，这部分钢筋产生出来的力矩对筒体倾倒影响很小，因而忽略不计，那么前述筒体的转动方程为：

$$J\varepsilon=G_2L_2-G_1L_1-FL_1$$

即

$$J\varepsilon=\left(\frac{\beta}{\pi}\right)PL_2-\left(1-\frac{\beta}{\pi}\right)PL_1-FL_1 \tag{5.24}$$

式中：J 为筒体绕 x_1x_2 轴的转动惯量；ε 为转动角加速度。

筒体倾倒失稳，则

$$\varepsilon>0$$

即

$$\left(\frac{\beta}{\pi}\right)PL_2-\left(1-\frac{\beta}{\pi}\right)PL_1-FL_1>0 \tag{5.25}$$

将式(5.21)~式(5.23)及式(5.25)联立化简，得

$$\sigma_s < \frac{\pi P}{A} \cdot \frac{\pi-\beta}{(n-n')\pi - n\beta} \cdot \frac{-\cos\beta}{(\pi-\beta)\cos\beta+\sin\beta} \tag{5.26}$$

对于一个确定的筒形结构，P、n、n'、A 是一定的，由式(5.26)可知，筒体的倾倒仅由半切口角 β 决定，由此式可求出筒体倾倒的最小切口角 2β。

设

$$f_1(A, n, n', \beta) = \frac{\pi P}{A} \cdot \frac{\pi-\beta}{(n-n')\pi - n\beta} \tag{5.27}$$

$$f_2(\beta) = \frac{-\cos\beta}{(\pi-\beta)\cos\beta+\sin\beta} \tag{5.28}$$

那么，式(5.26)可写为：

$$\sigma_s < f_1 \cdot f_2 \tag{5.29}$$

因为 $n \gg 4$，当 $\beta < \pi/2$ 时

$$f_1 > 0$$

$$f_2 < 0$$

故式(5.29)不能成立，这就是说切口角 $2\beta < \pi$ 时，筒体不可能倾倒。

当 $\pi/2 < \beta < \pi$ 时

$$f_2 > 0$$

要使式(5.29)成立，必须

$$f_1 > 0$$

由此得

$$\beta < [(n-n')/n] \cdot \pi$$

就是说当

$$\pi < 2\beta < [(n-n')/n] \cdot 2\pi$$

f_1、f_2 均大于0时，只要使得

$$f_1 \cdot f_2 > \sigma_s \tag{5.30}$$

筒体就能倾倒。

从式(5.29)还可看出，不同的筒体，钢筋越细，根数越少，就越易倾倒，需说明的是，实际爆破切口角越大，对于控制筒体倾倒方向越不利，但待拆除的钢筋混凝土结构往往结构完好，风化不严重，预留壁上 x_1、x_2 处压垮程度轻，有利于按预定方向倾倒，后坐、翻倒现象一般不会发生，切口角一般取值为：

$$\frac{2\pi}{3} < \beta < \frac{3\pi}{4}$$

这与式(5.29)是一致的。

5.3.4 其他

上文对适量配筋的钢筋混凝土筒形结构的定向倾倒条件做了分析，配筋率对

倾倒是有影响的，而低配筋和超配筋在筒形结构的设计上是应避免的，它们不具一般性，在此不做讨论。

一般说来，确定爆破切口高度时，工程中多以1.5~2.0倍壁厚作为爆破切口高度，这对大多数烟囱、水塔来说是合适的，是在本文得到的最小切口高度基础上结合工程实际进行适量提高得到的；但对于异形筒形结构，充分考虑切口闭合时，筒体重心作用线已离开切口处筒壁而作用于筒壁之外是十分必要的，只有这样才能确保筒体按预定方向顺利倾倒。

此外，筒形结构爆破时，爆炸能量易于释放到空中，对筒形结构的倾倒方向没什么影响。

5.4　重庆南滨路钢筋混凝土取水塔及框架拆除研究

钢筋混凝土低矮大直径取水塔是筒形结构中较特别的一种，这种结构因其重心低而直径大给定向爆破拆除带来极大困难；同时，由于配筋率高(一般烟囱仅配筋一层)，又处于人口密集、环境复杂的城市，给爆破设计提出了较高要求。采取有效措施确保被拆除取水塔圆形筒身失稳倾倒成为爆破成败的关键。

高度大、直径小的筒形结构(一般为烟囱、水塔)的定向爆破拆除已积累了较丰富的经验，有许多工程实例可供参考，这些年来，这方面的理论研究也有所开展，定向爆破倾倒机理的揭示也较为深刻。而本文所要阐述的取水塔高仅17.4 m，外径达7.7 m，高径比仅2.26(一般烟囱高径比为10~12)，采用定向倾倒拆除，文献尚无报道。

5.4.1　工程概况

因重庆市重点工程南滨路建设需要，重庆水泥厂高17.4 m圆形取水塔需要拆除，该取水塔筒壁采用钢筋混凝土整体浇筑而成，筒身外径为7.7 m，内径为7.1 m，壁厚为0.3 m；圆筒双向配筋，分内外两层，纵向钢筋均为ϕ16 mm，间距0.2 m；环向钢筋均为ϕ12 mm，间距0.2 m；混凝土为C20。拟爆取水塔如图5.4所示。

取水塔南侧有一双层人行栈桥相连，栈桥为钢筋混凝土框架结构，支柱断面$B \times H = 0.4\ \text{m} \times 0.6\ \text{m}$，配筋不明，无任何资料可查，人行栈桥一端与取水塔相连，另一端与一砖混结构民房相接，桥上有两根直径为0.5 m的水管。

取水塔位于新修南滨路中段，道路正在进行路基施工；取水塔北临长江，长江之北高楼林立，路上车水马龙，一片繁忙；东侧是路基面；南侧及东南有密集的居民楼及工业厂房，人口五、六万以上。拟爆取水塔周围环境如图5.5所示。

图 5.4 拟爆取水塔

Fig 5.4 The water intaking tower to blast

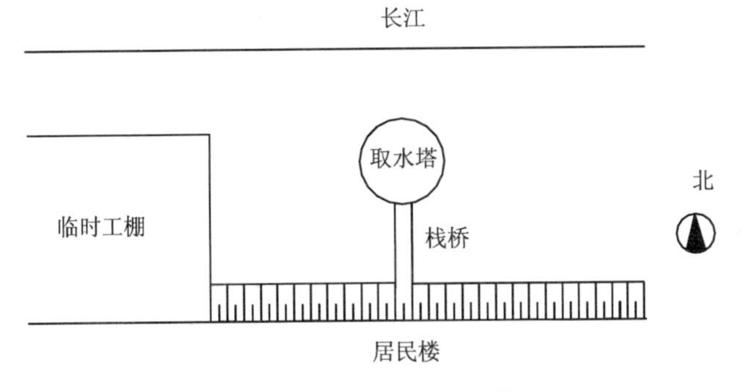

图 5.5 取水塔周围环境

Fig 5.5 Environment of the water intaking tower

5.4.2 爆破方案

1)倾倒方向

取水塔极其坚固，人工拆除必须搭脚手架，进行高空作业，利用风镐和大锤一点点逐步破碎解体，不但速度慢，效率低，而且将给整个道路施工带来困难，使道路不能按期竣工通车，特别是施工人员安全得不到保障。考虑到上述情况及南滨路施工要求，决定对其实施爆破拆除。

由于道路施工、车辆运输繁忙和其他原因，不便于采用水压爆破拆除，决定对其实施定向爆破拆除，根据取水塔东边场地较为开阔的场地条件，选择倾倒倒塌方向为正东，塌体位于南滨路东侧中央。对栈桥框架也实施定向爆破拆除，取水塔和框架分两次实施爆破，先拆除框架再拆除取水塔，爆前用人工和机械对取水塔与框架的连接及框架与民房的连接做预处理。栈桥框架及框架与取水塔和民房连接如图 5.5 所示。

2）爆破切口

（1）爆破切口形状

根据取水塔直径大、重心低的结构特点，确定爆破切口采用如图 5.6 所示的形状，爆破切口两端设有矩形定向窗，一方面，方便施工期间人员进出筒内，另一方面，也为控制取水塔倾倒方向；两定向窗尺寸均为 1.2 m×0.88 m，对称于倾倒轴线布置在爆破切口的两端；至于定向窗之间的部分，轴线附近即爆破切口中部较高，以保证取水塔倾倒至爆破切口闭合时，取水塔重心作用线移至塔底圆周之外，确保取水塔能顺利倒塌，同时为减少炮孔，离轴线稍远的两旁，爆破切口高度减小，直至定向窗处减小至 1.2 m 高，这也有利于保护预留壁，控制后坐。

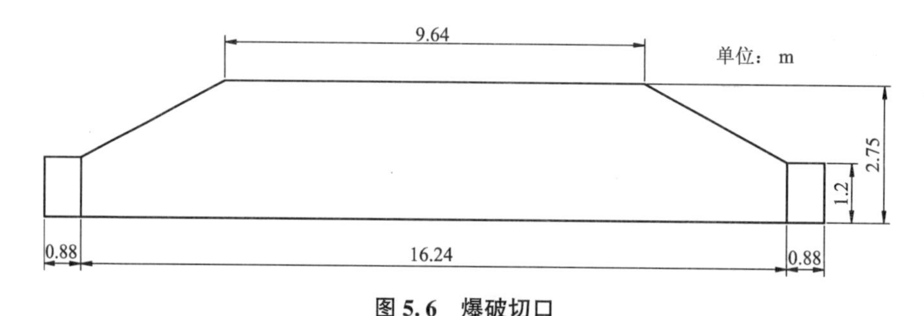

图 5.6　爆破切口

Fig 5.6　Blasting notch

（2）爆破切口长度

取水塔周长为 24.2 m，为增大倾倒力矩（重力矩），同时减少预留壁未割断钢筋的阻力矩，取爆破切口长度为取水塔外周长的 0.74 倍（烟囱、水塔大多取 0.67 倍），爆破切口所对圆心角为 266°，即

$$L=0.74\pi D=18.00\ \text{m}$$

式中：L 为爆破切口长度；π 为圆周率，取 3.14；D 为取水塔筒体外径，为 7.7 m。

（3）爆破切口高度

足够的爆破切口高度是确保取水塔顺利倾倒的条件之一，一般烟囱、水塔定向拆除所采用的爆破切口高度仅为壁厚的 1.5~2 倍，考虑到本取水塔塔高与直径之比很小，打破切口高度的常规取值，经分析后取切口中部高为 4.22 m，两端定向窗为 1.2 m。根据几何推算，切口闭合时重力作用线偏移到取水塔底部圆环之外，足以保证重力矩始终成为倾倒的动力矩，有效克服预留壁对倾倒的阻碍。

(4)爆破切口标高

考虑到南滨路施工已在取水塔周围填上松土，为阻止爆破飞石，沿取水塔周围挖筑 1.5 m 的围堤，自坑底往上 0.5 m 处钻孔，做到既有利于安全，又能确保围堤对取水塔倾倒无影响。

(5)炮孔参数

根据壁厚 0.3 m，确定炮孔参数为：

①炮孔深为 $0.68\delta = 0.68 \times 0.3 \approx 0.2$ m；

②孔间距为 $a = 0.25$ m；

③孔排距为 $b = 0.25$ m；

④孔排数为 11 排。

式中：δ 为塔体壁厚。

上述值充分考虑了钻孔尽量避开钢筋，并且符合控制爆破设计要求。如果遇塔体壁厚与设计不符，孔深、间距、排距根据实际壁厚计算确定，但间距、排距均不得小于 0.2 m。

自下而上共计安排炮孔 537 孔，具体如下：

①第一~第五排每排 57 孔；

②第六排 53 孔；

③第七排 49 孔；

④第八排 45 孔；

⑤第九排 41 孔；

⑥第十排 35 孔；

⑦第十一排 29 孔。

单孔装药量为上六排每孔装药 35 g，下五排每孔装药 40 g。

如塔体壁厚与设计不符，根据实际壁厚和由实际壁厚确定的孔间距和孔排距，重新确定装药量。

采用 1 段、5 段雷管起爆，其中与 1 段雷管对应的药量为 14.25 kg，

3)爆前的预处理

取水塔爆破前，先人工拆除栈桥与取水塔及居民楼的连接，继而割断栈桥上两根 0.5 m 外径的水管，并对框架先施行定向爆破拆除。同时，采用爆破方法在取水塔壁按确定的位置开定向窗，并割断定向窗处的钢筋，且对称割断取水塔预留壁中部 2/3 长度内的纵向外层钢筋。根据资料，烟囱水塔定向拆除一般不需要采取此项措施，但对于像本次爆破拆除的巨型取水塔这样的低矮筒形结构，这样做十分必要，钢筋是塑性材料，抗拉强度大，取水塔倾倒过程中将产生很大的拉

力形成阻力矩，这对倾倒是很不利的，采取割断钢筋的办法，将大大减小阻力矩。

4）起爆网络

由于炮孔多，每孔装导爆管雷管1只，每10根导爆管成一组，由绑扎在其中的两只电雷管实行高能起爆器起爆，实现微差爆破。

5.4.3 取水塔拆除分析研究及特殊措施

一般烟囱、水塔高径比为10~12内，而本文所描述的取水塔高径比仅2.26；一般烟囱、水塔的定向爆破拆除已积累了一些工程经验，但本文所描述的这种低矮、大直径、低重心巨型取水塔采用定向爆破拆除，既无理论公式可套用，文献上也未有报道，加之配筋率高（双层，一般烟囱配筋仅一层），给工程带来极大困难，尚无先例。

普通烟囱、水塔定向爆破拆除切口高度仅取壁厚的1.5~2倍，考虑到本取水塔塔高与直径之比很小，本工程打破切口高度的常规取值，经分析后取切口中部高为4.22 m，两端定向窗高为1.2 m。根据几何推算，切口闭合时重力作用线偏移到取水塔底部圆环之外，能保证重力矩始终成为倾倒的动力矩，有效克服预留壁对倾倒的阻碍。

由于取水塔低矮、直径大、重心低，采用常规办法将导致取水塔倾倒动力矩（重力矩）太小，为增大倾倒力矩（重力矩），同时减小预留壁未割断钢筋的阻力矩，爆破切口弧长取为周长的0.74倍（一般烟囱、水塔取0.67倍），切口所对圆心角为266°，这样有效地增大了重力臂，减小了预留壁中钢筋的阻力臂，从而增大了倾倒的动力矩，减小了阻力矩。

钢筋是塑性材料，抗拉强度大，取水塔倾倒过程中，预留壁中的钢筋将产生很大的拉力形成阻力矩，这对取水塔筒体倾倒是很不利的，为了减小预留壁未割断钢筋的拉力，从而达到减小阻力矩的目的，对称割断取水塔预留壁中部2/3长度内的纵向外层钢筋，大大减小了阻力矩。虽然根据资料这项措施对于一般烟囱、水塔是不需要的，但对于本工程中的取水塔，这样做十分必要。

5.4.4 取水塔拆除校核

（1）重心偏移

切口闭合时，取水塔重心应偏移到取水塔之外，本工程切口高为4.22 m，所对圆心角为266°，重心高（筒体上有操作室）为10 m，外径为7.7 m。根据几何关系可得，切口闭合时，重力作用线已偏离原取水塔轴线4.3 m，而取水塔半径为3.85 m，因此能实现按预定方向倾倒。

（2）纵筋失稳

筒体开始倾倒的首要条件是切口处的钢筋在炸药爆炸后，每根纵向钢筋形成的压杆能失稳，由式(5.20)计算可得，为保证纵向钢筋失稳，切口最小爆破高度为0.5 m，实际切口高度大于此值，取为4.22 m，能保证筒体按预定方向倾倒。实际爆破后发现栈桥框架纵筋最小失稳高度为0.6 m，实际爆破高度达1.5 m，因此能保证取得好的爆破拆除效果。

(3)切口角度

根据本工程数据，结合钢筋混凝土结构特点，依据5.3节所述，266°的爆破切口角度能满足倾倒条件。将β值代入式(5.27)得

$$f_1=213.4\ \text{N/mm}^2$$

β值代入式(5.28)得

$$f_2=3.96$$

$$f_1f_2=845\ \text{N/mm}^2$$

而σ_s取为240 N/mm^2，因此

$$\sigma_s<f_1\cdot f_2$$

即式(5.29)得到满足，亦即筒体倒塌条件得到满足。

(4)振速

需保护的居民楼离装药中心为18 m，最大一段装药为14.25 kg，取α值为1.57，K值为70，根据爆破振速公式可得居民楼振速为：

$$v=K\left(\frac{Q^{\frac{1}{3}}}{R}\right)^{\alpha}=70\times\left(\frac{14.25^{\frac{1}{3}}}{18}\right)^{1.57}\approx 2.9\ \text{cm/s}$$

能确保居民楼安全。

(5)飞石

采用低威力、低爆速的2#岩石炸药，对控制飞石是有利的，同时采用覆盖防护，能防止飞石破坏被保护对象。

5.4.5 栈桥框架定向爆破

栈桥框架为钢筋混凝土结构，截面为矩形，$B\times H=0.4\ \text{m}\times 0.6\ \text{m}$，为了加快施工进度，在对取水塔实施爆破前，先对其实施定向爆破拆除，栈桥框架一端与取水塔相连，另一端与居民楼相接，高度为22.0 m，共有8根柱，分成两排，排距为3.00 m，东西向两排每排各4根，如图5.7所示，根据环境和结构特点，决定对其实施向东倾倒爆破拆除。

爆前对栈桥框架与周围结构的连接实施预处理，本章前部分已述及。

(1)爆破参数如下：

①抵抗线为$W=\frac{B}{2}=\frac{0.4}{2}=0.2\ \text{m}$；

图 5.7　栈桥框架照片

Fig 5.7　The photo of trestle frame

②炮孔间距为 $a=0.3$ m；

③孔深为 $l=H-W=0.6-0.2=0.4$ m；

④单孔装药量为 $q=40$ g。

式中：B 为柱截面的短边，$B=0.4$ m；H 为截面的长边，$H=0.6$ m。

(2)炮孔布置

每柱沿中心线布置单排炮孔，每柱布孔数如下：

①前排柱每柱布孔 5 个；

②后排柱每柱布孔 2 个。

支柱爆破高度范围内，联系梁两端，每端布孔 1 个，参数根据实际联系梁截面尺寸确定，联系梁布孔数和装药如下：

①柱东西向联系梁 4 根，共布孔 8 个；

②每孔装药 50 g。

(3)起爆网络

实行两段微差起爆，前排柱每孔及联系梁前端(东端)每孔装一段雷管，后排柱及联系梁后端(西端)每孔装 5 段雷管，整个网络采用串联连接。

5.4.6 施工组织

(1)专业队伍施工

由有爆破经验、设备、资质的队伍施工。施工人员持证上岗，严格遵守爆破安全规程。

(2)严格按设计参数及要求施工

以定向孔施工爆破作业检验设计参数，不合理参数应会同设计人员及时修改。

必须保证钻孔质量，按规定位置钻孔，保证钻孔对准取水塔筒体筒心，且与筒体表面垂直，认真验孔，不超深、不欠钻。

装药、检测、连线等重要工作由专人负责。做好雷管的检验工作，使用同厂、同批雷管，每只雷管之间电阻差值不得大于0.25 Ω，不合格的雷管坚决不用。为了安全起见，要求作1∶1的起爆试验。

必须控制每个孔的装药量，正负误差不超过2 g；装药时做好装药记录，避免差错；同时每炮孔雷管的段别必须准确；药装好后堵塞必须严实。

做好线路测试。装药后必须对线路进行分段通路和电阻测试，全线路的通路和电阻测试，测试后的电路必须短路连接，直到爆破前才接入起爆器。

做好装药孔和线路的保护工作。

(3)防护要求

严格做好爆破现场防护，保证不出安全问题。

(4)警戒

警戒人员提早30 min进入警戒位置，认真警戒，待听到解除警戒命令方能离开。警戒人员未布置好之前不得强行起爆，采用倒数计数法。

5.4.7 安全防护

(1)警戒区

以筒为中心的200 m范围。

(2)防护

沿江设飞石防护网，三层草袋外加一层竹笆或铁丝网防护，离筒身2.5 m设15 m高防护网。沿筒身开沟1.5 m，并沿沟边筑1.5 m高的堤，但沟堤不能影响取水塔倾倒。

(3)爆破器材管理

由专人管理爆破器材，确保爆破器材安全和不丢失。

5.4.8 爆破效果

取水塔爆破前 2 天，对栈桥框架实施了爆破；起爆后，框架徐徐倒下，数秒钟后躺在原位置的东边，人工两天清渣完毕，清理出钢筋 2 t。

取水塔钻炮孔历时三天，装药堵塞一天，装药后第二天连接起爆网路，历时半天，下午 2:00 起爆，起爆 1 s 后，取水塔开始缓缓倒下，倒塌方向与设计吻合很好，取水塔倒在新填土上，爆破切口混凝土被全部炸开，预留壁割断钢筋截面处较为平整，爆破取得理想效果，据重庆电视台和几家报纸报道：南滨路最初设计时曾设法避开的这只最后的拦路虎，现在终于被征服了，通车的一切障碍都排除了。

5.4.9 体会

(1)确保预留壁具有足够强度和稳定性的条件下，适当提高爆破切口高度是完全必要的，是大直径筒形结构定向倾倒拆除的关键。本工程中所采用的爆破切口中部高度大，两端高度小，这对保护预留壁，确保稳定不后坐是有效的；中部大的切口高度避免了切口闭合时筒体偏转的可能。

(2)对预留壁外层钢筋进行预割断，是防止筒形结构拆除斜而不倒的有效措施。

(3)对于低矮大直径筒形结构适当增大爆破切口，对倾倒也是必要的。

(4)预留壁预割断钢筋处的标高与切口底部标高一致为好。

(5)结构拆除前的预处理是必要的，可以确保相连居民楼的安全。

5.5 高耸筒形结构爆破拆除数值模拟分析

5.5.1 工程概况及爆破拆除方案

5.5.1.1 工程概况

现对一个实际爆破拆除烟囱倒塌过程进行模拟分析。某电厂因改建，需要拆除一座 120 m 高的钢筋混凝土烟囱，烟囱底部外半径为 6 m，顶部外半径为 3.2 m，混凝土厚度为 50 cm，其他的附属设施例如隔热层的砖块厚度不予考虑。底部 17.5 m 以下为双筋布设，外立筋 ϕ22 mm，内立筋 ϕ14 mm，外、内筋布置间隔都为 9°；箍筋采用 ϕ14 mm，箍筋间距 200 mm。爆破切口布置在距地面 1 m 处。爆破切口形式采用梯形切口，切口对应圆心角为 220°，烟囱底端外周长 L=37.7 m，故切口长度 L'=23 m，切口高度取 3 m。钢筋混凝土总方量 843 m^3，自重 2600 t，重心高度 39.8 m，初始转角为 2.7°。

5.5.1.2 爆破拆除方案

(1)爆破切口

根据烟囱周围环境和场地条件，以及工程安全和工期要求，决定对烟囱实施定向倾倒爆破拆除。采用梯形爆破切口，其对应的圆心角为220°，烟囱外周长为37.7 m，故爆破切口对应的弧长为23 m；梯形爆破切口的高度为3 m，两腰与底边的夹角均为20°；爆破切口底边距地面50 cm。

(2)起爆安排

采用非电导爆管雷管分两段起爆。分两段起爆的具体安排为：爆破切口的下6排炮孔采用瞬发导爆管雷管起爆，共计252发；爆破切口的上5排炮孔采用4段导爆管毫秒延期雷管起爆，共计150发；两段起爆的延期间隔时间为75 ms。

5.5.2 建模方法

利用大型分析软件ANSYS/LS-DYNA对钢筋混凝土烟囱爆破拆除的倒塌过程进行模拟分析。ANSYS/LS-DYNA软件有两种操作方式，即用户图形界面(GUI)操作与参数化设计语言(APDL)操作，每个GUI操作对应着一句APDL命令；反之，并非所有的APDL命令都有一个GUI操作与之对应。所以若要进行复杂的分析、对某些特定任务进行分析，或者要对某模型进行修改后重新分析，采用GUI操作难以实现或者过于繁杂，而运用APDL命令可以方便快捷实现，这些都是APDL语言的优势所在。由于采用分离式模型建立钢筋混凝土结构烟囱爆破拆除数值模拟分析模型，模型庞大而复杂，故选用APDL命令流来建立钢筋和混凝土的有限元模型较为合适。有鉴于此，在此给出钢筋混凝土烟囱爆破拆除倒塌过程模拟分析的部分命令流如下：

```
/PREP7! 进入前处理模块
! *定义实体单元
! *定义梁单元
! *定义壳单元
! *定义纵筋实参数
! *定义箍筋实参数
! *定义壳单元实参数
! *定义混凝土材料模型
! *定义钢筋材料模型
! *定义刚体材料模型
*do, i, 1, 600, 1
n, i, 6-(7/300)*(i-1)*0.2, (i-1)*0.2, 0
*end do
```

```
*do, i, 601, 1200, 1
n, i, 5.8-(7/300)*(i-601)*0.2, (i-601)*0.2, 0
*end do
*do, i, 1201, 1288, 1
n, i, 5.7-(7/300)*(i-1201)*0.2, (i-1201)*0.2, 0
*end do
*do, i, 1289, 1888, 1
n, i, 5.5-(7/300)*(i-1289)*0.2, (i-1289)*0.2, 0
*end do
! *生成3排节点
csys, 5
ngen, 2, 1888, 1, 1888, 1, 0, 9, 0, 1
! *复制前3排节点，共生成6排节点
type, 1
mat, 1
! *指定单元和材料类型
*do, i, 1, 599, 1
e, i, i+600, i+600+1, i+1, i+1888, i+1888+600, i+1888+600+1, i+1888+1
*end do
! *通过8个节点直接生成一排混凝土单元
type, 1
mat, 1
*do, i, 601, 687, 1
e, i, i+600, i+601, i+1, i+1888, i+1888+600, i+1888+600+1, i+1888+1
*enddo
type, 1
mat, 1
*do, i, 688, 1199, 1
e, i, i+688, i+688+1, i+1, i+1888, i+1888+688, i+1888+688+1, i+1888+1
*end do
type, 1
mat, 1
*do, i, 1201, 1287, 1
e, i, i+88, i+88+1, i+1, i+1888, i+1888+88, i+1888+88+1, i+1888+1
*end do
```

```
e plot
egen, 40, 3776, 1, 2570, 1,,,,,,, 9,,
nummrg, all
numcmp, all
n plot
! *通过复制 40 次之前形成的一排混凝土单元, 形成一个筒状烟囱混凝土
! *限元模型
type, 2
mat, 2
real, 2
*do, j, 602, 1199, 1
*set, i, j
*do, i, i, i+38*1888, 1888
e, i, i+1888, i+688
*end do
e, j+39*1888, j, j+39*1888+688
*end do
! *筒体内层箍筋网有限元模型
type, 2
mat, 2
real, 2
*do, j, 1202, 1287, 1
*set, i, j
*do, i, i, i+38*1888, 1888
e, i, i+1888, i+88
*end do
e, j+39*1888, j, j+39*1888+88
*end do
! *筒体外层(17.5 m 以下)箍筋网有限元模型
type, 2
mat, 2
real, 1
*do, j, 601, 601+1888*39, 1888
*set, i, j
*do, i, i, i+598, 1
```

```
e, i, i+1, i-600
*end do
*end do
! *筒体内层纵筋网有限元模型
type, 2
mat, 2
real, 2
*do, j, 1201, 1201+1888*39, 1888
*set, i, j
*do, i, i, i+86, 1
e, i, i+1, i-1200
*end do
*end do
! *筒体外层(17.5 m以下)纵筋网有限元模型
nummrg, all
numcmp, all
csys, 0
k, 1, 180, -0.2, 40
k, 2, 180, -0.2, -40
k, 3, -40, -0.2, -40
k, 4, -40, -0.2, 40
a, 1, 2, 3, 4
/view, 1, 1, 1, 1
/ang, 1
/rep, fast
aplo
cm, y, area
asel, 1
cm, _y1, area
cmsel, s, y
! *
cmsel, s, _y1
aatt, 3, 3, 3, 0,
cmsel, s, y
cmdele, _y
```

```
cmdele, _y1
! *
mshape, 0, 2d
mshkey, 0
! *
smrt, 6
cm, y, area
asel, 1
cm, _y1, area
chkmsh, 'area'
cmsel, s, _y
! *
amesh, _y1
! *
cmdele, _y
cmdele, _y1
cmdele, _y2
! *形成地面有限元模型
csys, 5! *转换成柱坐标系
nsel, s, loc, x, 0.0, 10.0
nsel, r, loc, y, -110, 110
nsel, r, loc, z, 1.0, 2.0
esln, s, 1
edele, all
allset, all
nsel, s, loc, x, 0.0, 10.0
nsel, r, loc, y, -92, 92
nsel, r, loc, z, 2.0, 3.0
esln, s, 1
edele, all
allset, all
nsel, s, loc, x, 0.0, 10.0
nsel, r, loc, y, -74, 74
nsel, r, loc, z, 3.0, 4.0
esln, s, 1
```

```
edele, all
allset, all
! *形成梯形爆破切口
edpart, create
! *形成 part 号
edcgen, assc,,, 0.5, 0.4, 0, 0, 0, 0, 10000000, _z9, _z10
! *总体定义的是自动单面接触
edcgen, ants, 2, 4, 0.3, 0.15, 0, 0, 0, 0, 10000000, 0, 0
! *箍筋和地面选择自动点面接触
edcgen, ants, 3, 4, 0.3, 0.15, 0, 0, 0, 0, 10000000, 0, 0
! *纵筋和地面选择自动点面接触
csys, 0
nsel, s, loc, y, -0.1, 0.1
d, all, ux, uy, uz, , ,
allsel, all
! *对筒体施加约束
nsel, s, loc, y, 0.2, 130
cm, body, node
*dim, time, array, 2, 1, 1
! *创建节点组元
*set, time(2, 1, 1), 13.5
! *设置重力加速度作用时间
*dim, gy, array, 2, 1, 1
! *
*set, gy(1, 1, 1), 9.8
*set, gy(2, 1, 1), 9.8
edload, add, acly, 0, body, time, gy, 0
! *施加重力加速度
allsel, all
finish
/solu
time, 13.5
edopt, add, blank, lsdyna
edrst, 300
edhtime, 1
```

```
eddump, 1
! *求解设置
edwrite, lsdyna, 'chimney', 'k'
! *输出k文件
```

5.5.3 有限元数值模拟分析模型的建立

采用共用节点分离式模型建立钢筋混凝土结构爆破拆除数值模拟分析模型，数值模拟有限元分析模型按结构的实际尺寸建立。在模型中，仅考虑结构的主要承重部件，对烟囱的附属设施进行了简化。众所周知，钢筋混凝土烟囱由钢筋和混凝土两种材料组成，在对其进行数值模拟建模时，可采用分离式建模、整体式建模或两者结合的组合式建模，分离式建模比整体式建模更为贴近实际，所以选择共用节点分离式模型建模。基于钢筋混凝土结构的材料特性，本构关系选取经典塑性随动模型 MAT_PLASTIC_KINEMATIC。钢筋采用 BEAM161 梁单元，混凝土采用 SOLID164 实体单元，地面采用 SHELL163 壳单元。

建立的有限元数值模拟分析模型如下图 5.8 所示。

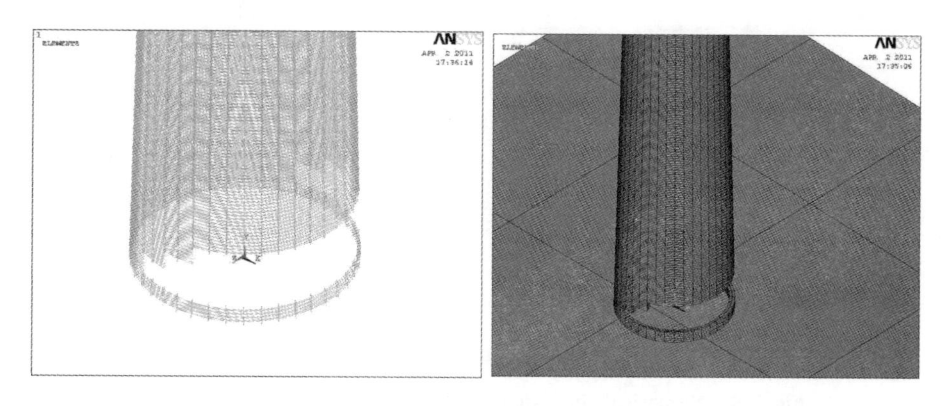

(a)钢筋有限元模型 (b)整体式结构有限元分析模型

图 5.8 数值模拟分析模型

Fig 5.8 Numerical simulation analysis model

5.5.4 烟囱倒塌过程数值模拟

对钢筋混凝土结构烟囱倒塌过程进行数值模拟仿真分析，按每两秒提取一次，提取钢筋混凝土烟囱倒塌过程中不同时刻的倾倒状态，如图 5.9 所示。

由图 5.9 可见，烟囱的整个倒塌过程大约历时 13 s，初始阶段倒塌较为缓慢，随着烟囱重力矩的持续作用，其质心的速度获得持续增大，烟囱倒塌不断加快，最后触地破碎解体。

钢筋混凝土烟囱爆破拆除倒塌过程的数值模拟结果表明，烟囱倒塌过程与工程实际贴近，数值模拟不同时刻对应的烟囱与竖直方向的夹角和工程实际中烟囱爆破拆除倒塌过程发生的情况接近。

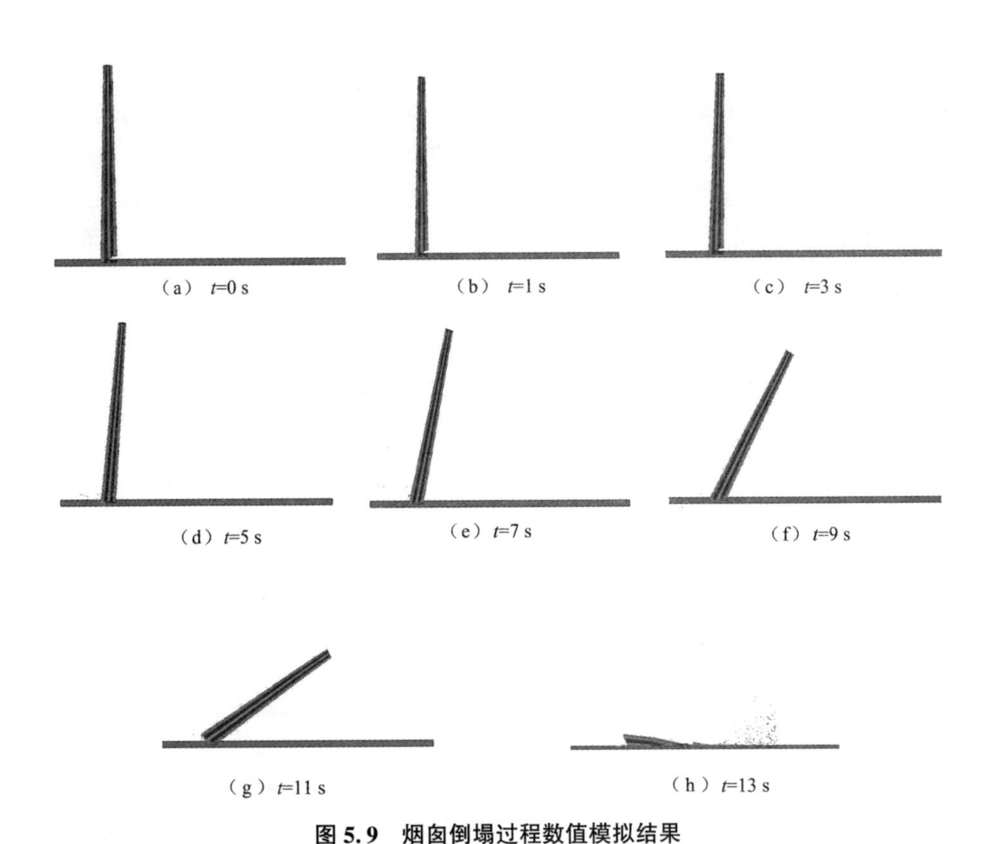

图 5.9　烟囱倒塌过程数值模拟结果

Fig 5.9　Numerical simulation results of chimney collapse process

图 5.10 为钢筋混凝土烟囱爆破拆除触地后的效果图，与之对应的烟囱倒塌角度与时间的关系如表 5.1 所示。从图 5.10 和表 5.1 可见，当 $t=12.285$ s 时，烟囱开始触地撞击地面，可以看出此刻烟囱表面多处混凝土单元开始剥离烟囱表面；当 $t=12.375$ s 时，烟囱表面混凝土单元进一步破碎剥离；当 $t=12.64$ s 时，已经有很大一部分混凝土和钢筋单元因为失效而被删除，此时已有大量混凝土单元和钢筋单元破坏；当 $t=13.23$ s 时，混凝土单元继续剥离钢筋表面，混凝土和钢筋单元的破坏已基本结束。爆破切口之上 35 m 处筒体为扁平状，钢筋与混凝土部分分离，筒体其余部位的钢筋与混凝土完全分离，这与实际工程中烟囱倒塌的情况基本一致，说明模拟的方法是可行的，结果是可信的。

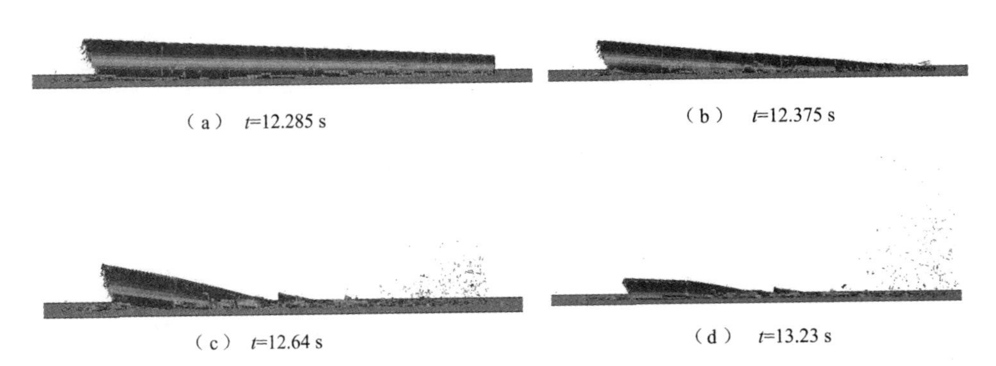

图 5.10 烟囱触地后效果图

Fig 5.10 Effect drawing after chimney collapse

表 5.1 倒塌角度和时间的关系

Table 5.1 Relationship between collapse angle and time

时刻/s	1	3	5	7	9	11	12.3
倾倒角/(°)	0.25	1.5	3.8	11	28	64	90

单元 37495 对应的是烟囱有限元分析模型质心处的单元，该单元的质心的速度时程曲线如图 5.11 所示。

烟囱质心速度的理论值和模拟值均列于表 5.2 中。

表 5.2 质心速度与时间的关系

Table 5.2 The relationship between the velocity of the mass center and time

时刻/s	1	3	5	7	9	11
理论值/($m \cdot s^{-1}$)	0.297	0.804	1.197	3.350	7.554	15.737
模拟值/($m \cdot s^{-1}$)	0.296	0.858	3.760	3.725	6.693	12.050
误差率/%	0.3	6.7	>10	>10	>10	>10

下面分析对比烟囱质心速度的理论值和模拟值。在理论计算中，一般假设烟囱为刚体，爆破拆除中的某时刻烟囱的倾倒可简化为刚体绕塑性铰转动，没有下

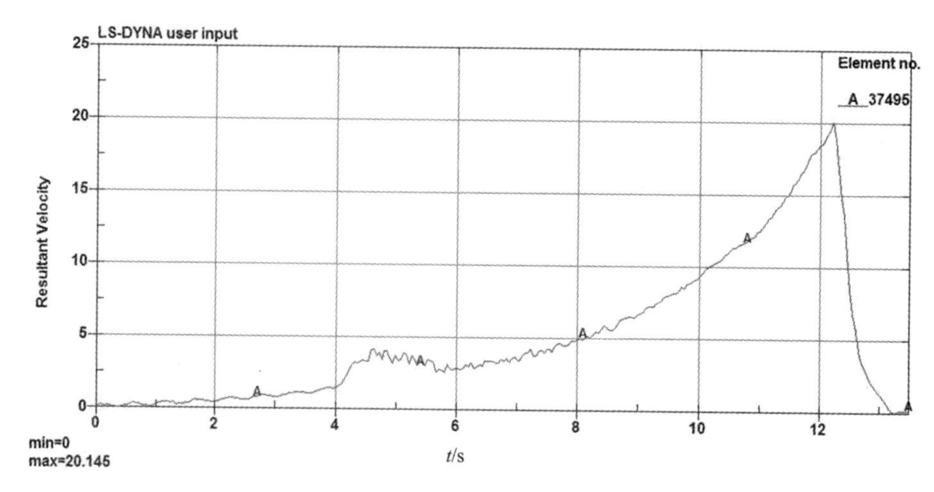

图 5.11 烟囱质心速度时程曲线

Fig 5.11 Velocity-time history of the chimney mass center

坐和后坐；而数值模拟中烟囱有明显下坐；并且塑性铰在烟囱倒塌过程中不断变化。

由表 5.2 可知，在钢筋混凝土烟囱发生下坐(t=3.82 s)前，质心速度的理论值和模拟值的误差确实较小；而当烟囱开始下坐以后，质心速度的理论值和模拟值误差超过 10%；当 t=12.28 s 时烟囱触地时，筒体质心速度的理论值和模拟值误差是 0.5%。通过上述分析，可认为不考虑烟囱的下坐和中性轴的变化对烟囱倒塌的影响是理论值和模拟值两者之间存在偏差的重要原因。

5.5.5 烟囱顶部位移和质心竖向速度分析

(1)烟囱顶部位移分析

钢筋混凝土烟囱顶部在倒塌方向的位移可通过输出烟囱顶部单元 37864 的位移而获得，单元 37864 的位移时程曲线如图 5.12 所示。图 5.12 中，纵轴表示水平位移，单位是 m，横轴表示时间，单位是 s，烟囱顶部的单元 37864 于 12.285 s 触地，其倒塌方向的位移为 123 m，工地现场实际爆破拆除工程中烟囱在倒塌方向上的位移是 117 m，因而数值模拟结果与工程实际吻合较好，烟囱倒塌在允许的范围内。

(2)烟囱质心竖向速度分析

烟囱质心处的竖向速度可通过输出质心处单元 37495 的竖向速度而获得，单元 37495 的速度时程曲线如图 5.13 所示，纵轴表示竖向速度，单位是 m/s；横轴表示时间，单位是 s。从图中可以看出，在 3.82 s 以后，烟囱质心的竖向速度突

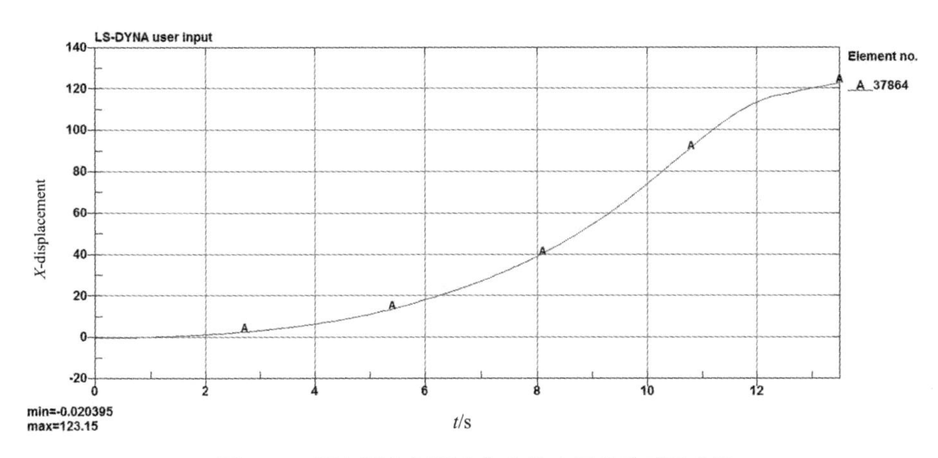

图 5.12 烟囱顶在倒塌方向上的水平位移时程曲线

Fig 5.12 Horizontal displacement-time history of chimney top in collapse direction

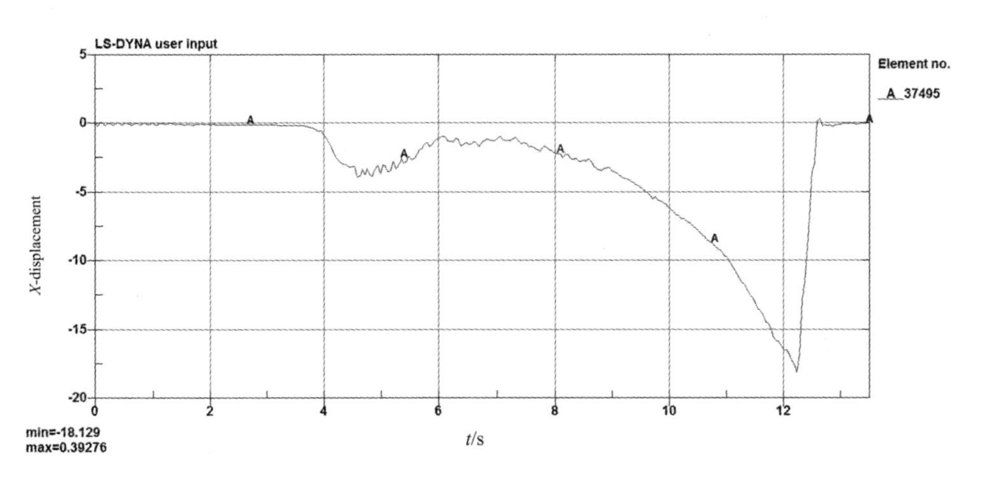

图 5.13 烟囱质心竖向速度时程曲线

Fig 5.13 Axial velocity-time history of chimney mass center

然增大，这应为烟囱预留壁压碎而导致烟囱发生了下坐，烟囱下坐过程中其势能转化成动能，因而烟囱质心获得了竖向速度。在 4.59 s 烟囱的竖向速度取得极值，随后由于烟囱下坐已经完成，烟囱质心处单元的竖向速度基本上仅由烟囱的倾倒而获得，因而质心的竖向速度经历了一个减小而后又增大的过程，即 7.33 s 后，随着烟囱倾倒的发展，烟囱转动的角速度增大，烟囱倾倒加快，因而其质心处的竖向速度增大。12.285 s 时烟囱触地，烟囱质心的竖向速度达到其最大值 18.13 m/s，随后快速降为零。

5.5.6　烟囱预留壁应力变形和破坏分析

在有限元模型中，烟囱切口预留壁共有16个混凝土单元，分布于对称平面的两边，即对称平面每边8个单元，取一边8个单元中的4个所处位置相间隔的单元，且第1个单元取自切口预留壁最内侧。那么，可输出这4个单元的应力-时程曲线，如图5.14所示，图中的纵轴表示预留壁混凝土的竖向应力，单位是MPa；另外，负表示受压，正表示受拉。从图5.14可以看出，在爆破切口形成的瞬间，烟囱预留壁受压，所以单元A、B、C、D的应力均取负值，接着，单元C和D的应力均在0.3 s左右取正值，转变为受拉状态，随后单元B也由受压转变为受拉，而单元A在3.78 s左右被压坏。另外，还可见到随着时间的推移单元A、B、C、D的应力减小，最后全部破坏。

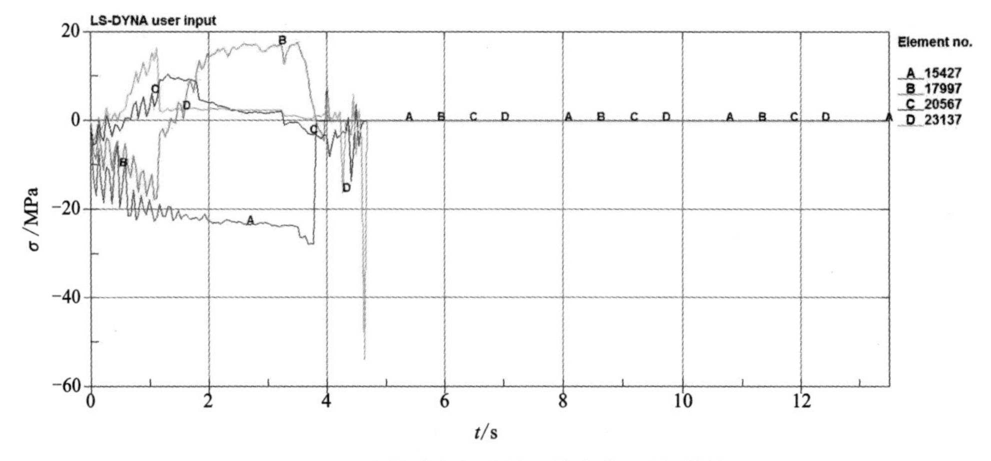

图5.14　预留壁混凝土单元的应力-时程曲线

Fig 5.14　Stress-time history of concrete element with reserved wall

而且，从图5.14还能看出，在前0.3 s内，转动的中性轴还没有形成；在0.3 s以后，中性轴形成，并在0.3~1.3 s内中性轴基本稳定，这对于烟囱倾倒初始阶段的倒塌是至关重要的。

5.5.7　钢筋的应力变形分析

图5.15所示为钢筋混凝土烟囱纵筋的轴向应力-时程曲线。其中，纵轴表示纵筋的轴向应力，单位是GPa；另外，负表示受压，正表示受拉；横轴表示时间，单位是s。图5.15中的单元A、B、C和D表示的是烟囱底部钢筋混凝土结构的同一纵筋的自下而上4个单元。由图可见，单元A、B、C和D失效前一般处于

拉、压受力状态，它们的峰值自下而上依次延后，与理论分析相一致，符合钢筋的屈服特性。单元 A、B、C 和 D 均取自于烟囱的底部，随烟囱的倒塌它们相继失效而被删除，图中 4 个单元的最大拉应力为 0. 117 GPa，最大压应力为 0. 096 GPa。

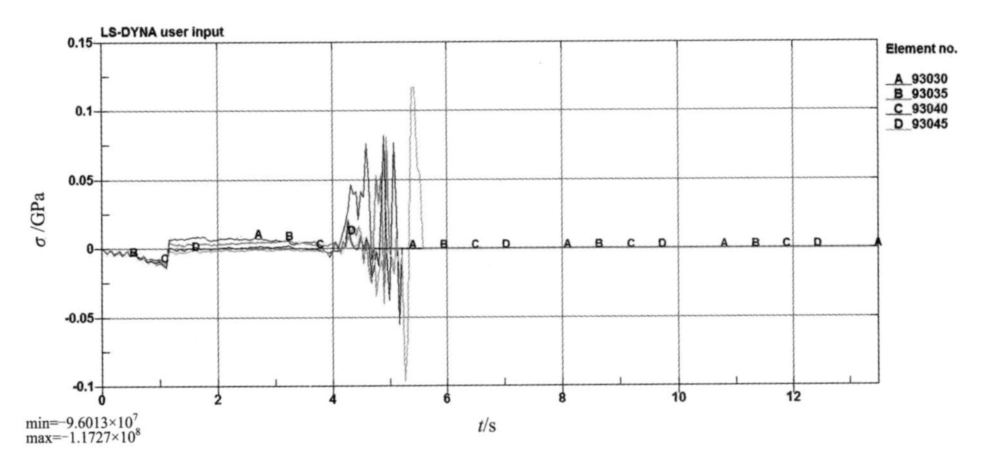

图 5. 15 纵筋单元的应力-时程曲线

Fig 5. 15 Stress-time history of longitudinal reinforcement element

箍筋能够提高钢筋混凝土烟囱的强度并改善其力学性能。图 5. 16 所示为钢筋混凝土烟囱箍筋的环向应力-时程曲线，图中的纵轴表示箍筋的环向应力，单

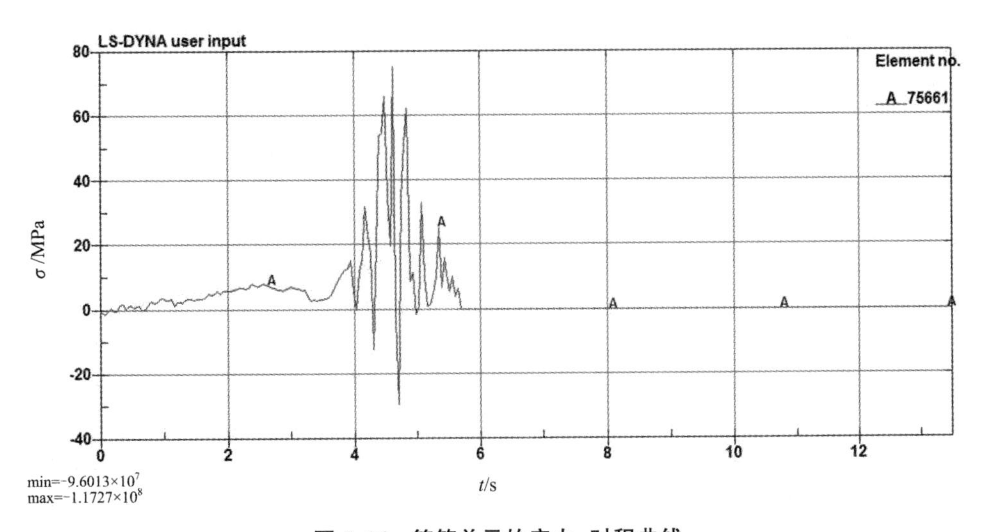

图 5. 16 箍筋单元的应力-时程曲线

Fig 5. 16 Stress-time history of stirrup element

位是 MPa；另外，负表示受压，正表示受拉；横轴表示时间，单位是 s。由图可见，箍筋的最大环向压应力达到了 0.029 GPa，最大环向拉应力达到了 0.076 GPa。

5.6 高耸筒形结构爆破拆除讨论

5.6.1 筒形结构爆破拆除工程讨论

用爆破的方法(explosive methods)拆除高耸筒形结构，是一种最有效、安全的施工方法，较之人工和机械拆除有着极大的优越性，它不仅能拆除人工和机械难以拆除的高耸筒形结构，而且效率高、速度快、成本低，特别是安全能够得到更好的保障。

控制爆破法拆除高耸筒形结构必须控制爆破飞石、地震效应和噪声等爆破公害；同时，必须根据高耸筒形结构周围的环境和场地条件及其结构特征，采取合适的爆破方法，有效地控制其倾倒方向及坍塌范围。

(1)高耸筒形结构一直是控制爆破拆除的重要对象，由于结构和环境条件各异，往往给爆破拆除工作带来较大的困难，工程中应根据环境及要求，结合高耸筒形结构特征进行研究，以确定爆破参数。

(2)本章对砖砌或素混凝土高耸筒形结构的倾倒过程及机理做了研究，揭示了其倾倒坍塌的物理-力学机理，建立了高耸筒形砌体或素混凝土结构的定向倾倒力学模型和失稳倾倒条件。

(3)本章对钢筋混凝土高耸筒形结构的倾倒过程及机理做了研究，揭示了其倾倒坍塌的物理-力学机理；针对钢筋混凝土结构与砌体或素混凝土结构的不同的特点，建立了钢筋混凝土高耸筒形结构不同于砌体或素混凝土高耸筒形结构的定向倾倒力学模型和失稳倾倒条件，而不是不区分结构材质提出一个不能反映倾倒力学本质的模型。

(4)本章介绍了巨型低矮大直径取水塔施行定向倾倒爆破拆除，旨在提示应针对结构的具体情况采取适合的爆破方案并确定爆破参数。例如，根据结构特征，运用前述力学模型设计了与一般文献不同的爆破切口，采取了对称割断预留壁部分外层纵向钢筋的办法，有效地保证了取水塔按预定方向倾倒，突破了以往切口形状及切口高为壁厚 1~2 倍的限制，切口高达到壁厚的 9 倍，切口弧长达周长的3/4，成功地实施了对取水塔附属设施栈桥钢筋混凝土框架的定向爆破拆除。

5.6.2 筒形结构爆破拆除数值模拟讨论

利用 ANSYS/LS-DYNA 有限元软件，采用共用节点分离式模型，对钢筋混凝土烟囱倒塌过程进行了数值模拟研究。通过数值模拟仿真并对比结构处理前后两种情形下不同的倒塌特点，且进行结构的倒塌过程和应力应变分析，发现：采用共用节点分离式建模对高耸筒形结构爆破拆除进行数值模拟仿真分析是可行的，共用节点分离式模型能够较好地反映钢筋和混凝土两种材料的力学性能；采用共用节点分离式建模进行数值模拟分析能够为高耸筒形结构爆破拆除的设计和施工提供重要参考。

(1)用数值模拟对切口预留壁混凝土单元进行应力分析，结果表明：在爆破切口形成初期，烟囱筒体转动的中性轴并没有形成；随后中性轴逐步开始形成，并最终中性轴基本稳定。对于不同的钢筋混凝土烟囱，中性轴形成和稳定的具体时间各不相同，但烟囱在初始倒塌阶段一般都会经历中性轴尚未形成和中性轴逐步形成最终基本稳定这两个阶段。

(2)利用共用节点分离式模型，分析了烟囱筒体顶部的水平位移和质心的速度，发现：烟囱最大水平位移为 117 m，数值模拟结果与工程实际吻合较好；质心处最大触地速度达到了 18.13 m/s。还通过数值模拟分析发现：如果底部下坐和后坐严重，预留壁压碎会消耗一部分势能，是不利于烟囱定向倒塌和触地解体的。

(3)通过输出的单元应力-时程曲线，分析了混凝土、纵向钢筋和箍筋的受力及其变化过程，发现预留壁切口附近的混凝土发生大偏心压破坏，而钢筋处于受拉状态，这与理论分析是一致的。

(4)从受力过程看，采用钢筋和混凝土分别建模的共用节点分离式模型，能够较好地反映混凝土和钢筋各自力学性能上的差异。

6 水压爆破拆除

6.1 引言

炸药包在水中爆炸后，形成向四周扩展并不断减弱的冲击波。爆炸产物形成“气泡”在水中膨胀后回缩、振荡并不断上浮，同时向四周发出二次压力脉冲。当冲击波遇到物体时发生反射、折射和绕射现象，物体在冲击波和二次压力脉冲作用下发生位移、变形直至破坏。利用炸药爆炸后水中冲击波的这些特性，可以炸礁石、建港口、夯实河基海基和进行水压爆破拆除。

1948 年，R. H. 库尔研究总结了水下爆破的各种主要现象和变化规律。第二次世界大战期间，J. G 伍德和 H. A. 贝特提出了水下爆破波的近似理论，G. I. 泰勒提出了水中气泡振动理论。1945 年以来，高速摄影和电子计算机技术的发展，促进了室内模拟试验、数值计算和数值模拟的研究。1962 年，M. 霍特等人用数值方法研究出水下爆炸冲击波传播和衰减的理论解。

水是难以压缩的流体，1×10^8 Pa 下的水密度仅比通常状态下增加 5%。因此，以水作为传递能量介质的水压爆破具有许多优点。

某些圆形和矩形等容器状的混凝土和钢筋混凝土构筑物，在进行拆除时，如果采用人工方法既费工又费时，而且经济性和安全性差；而采用常规的钻眼爆破法，因其为薄壁结构无论是布置药包和钻眼都有一定的困难，也很难在技术、经济和爆破效果方面令人满意。水压爆破是最适宜于拆除这类构筑物的一种控制爆破方法。它既不需要钻眼，也不需要采用复杂的工艺过程，且不需要搭脚手架，不需要机械、机具等设备，省工、省力、省材料，施工速度快；药包数量少，起爆网路简单；空气冲击波和爆破振动弱，碎块及飞石少、范围小、安全性好，有利于在城市或人口稠密地区进行拆除作业。它只需把防水药包悬吊在充满构筑物内腔的水中，在爆炸瞬间通过水传递爆炸释放的能量，借助炸药爆炸产生的爆炸荷载使构筑物破坏。

实践证明，水压控制爆破法在拆除容器状的构筑物中具有操作简便、无飞石、低振动、噪音小、节省炸药和爆炸效果好等优点。但目前水压爆破采用的公式都存在一定局限性，大多是只侧重某一方面，如建筑物的容积、横截面积、材料及其他几何尺寸等，这些都给水压爆破的安全带来隐患。

本书试图利用水中爆炸冲击波传递理论及气泡脉动理论，研究水压爆破中爆炸荷载对容器的破坏作用机理，从理论上推导水压爆破的药量计算公式，同时，研究同一水平面内药包分布的规则，最后结合典型的复杂水池的水压爆破拆除进行研究。

6.2 水中爆炸

炸药在水中爆炸时，在装药本身体积内形成的高温、高压的爆炸产物，其压力远远超过水的静水压力，从而导致在水介质中爆炸时产生冲击波和气泡脉冲两种现象。与空气不同，水是难以压缩的流体，当外界压力增大 1×10^8 Pa 时，水的密度仅增加5%左右，这些特性决定了：一，相等装药爆炸时，水中冲击波压力比空气冲击波压力大得多；二，水中冲击波作用时间比空气冲击波作用时间短得多；三，水中冲击波传播速度与阵面声速近似相等。在水中爆炸时，爆炸产物高速向外膨胀，首先在水中形成冲击波，之后，爆炸产物和水的界面处产生反射稀疏波，以相反方向向爆轰产物的中心运动。随着冲击波的传播，其波阵面压力和速度下降很快，且波形不断拉宽，在离爆炸中心较近时，压力下降最快，而离爆炸中心较远时，压力下降缓慢些。冲击波的正压作用时间随距离增加而逐渐增加，但比相同条件下空气冲击波正压作用时间小得多。

在有自由表面存在时，水中冲击波到达水面，使表面处的水向上飞溅，之后，爆炸产物形成的水泡到达水面，出现与爆炸产物混在一起的飞溅水柱。

当药包足够深时，爆炸形成的气泡到达自由表面前就已被分散和溶解，这时，水面上没有喷泉现象发生，就是说，在很深的水中爆炸时，在自由表面看不到上述的水中爆炸现象，其深度为：

$$h \geqslant 9.0\sqrt[3]{Q} \tag{6.1}$$

式中：h 为爆炸装药中心的深度(m)；Q 为 TNT 的装药质量(kg)。

同时，水底使水中爆炸冲击波压力增高，对于绝对刚性水底，相当于两倍装药量的爆炸作用。

水中冲击波形成后，开始离开爆炸产物，爆炸产物以气泡形式膨胀，推动周围水介质径向向外流动，气泡内压力下降，降到周围介质静水压力时并不停止，在惯性作用下，一直膨胀到最大直径；由于气泡压力低于周围介质压力，水反向运动，使气泡不断收缩，由于聚合水流惯性运动的结果，气泡被过度压缩而达到新的平衡。随之产生新的膨胀和压缩过程，常把这种缩胀称为气泡脉动，第一次脉动时所形成的压力波(又称二次压力波)才有实际意义。

冲击波峰值压力、比冲量及冲击波正压作用时间与药量、距离的关系分别为：

(1)冲击波波阵面峰值压力

$$P_1 = A\left(\frac{Q^{\frac{1}{3}}}{R}\right)^{\alpha} \tag{6.2}$$

式中：P_1 为冲击波峰值压力(Pa)；Q 为集中药包重量(kg)；R 为离药包中心距离(m)；A 为待定常数，TNT 装药在 $1.57 > Q^{\frac{1}{3}}/R > 0.078$ 范围内，$A = 5.227 \times 10^7$；α 为待定衰减指数，TNT 装药在 $1.57 > Q^{\frac{1}{3}}/R > 0.078$ 范围内，$\alpha = 1.13$。

(2)冲击波阵面上单位面积的冲量

$$I_1 = BQ^{\frac{1}{3}}\left(\frac{Q^{\frac{1}{3}}}{R}\right)^{\beta} \tag{6.3}$$

式中：I_1 为波阵面上单位面积的冲量即比冲量($N \cdot s/m^2$)；B 为待定常数，TNT 装药 $0.95 > Q^{\frac{1}{3}}/R > 0.078$ 范围内，$B = 5762$；β 为待定衰减指数，$0.95 > Q^{\frac{1}{3}}/R > 0.078$ 范围内，$\beta = 0.89$。

(3)冲击波正压作用时间

$$t_1 = 10^{-5} Q^{\frac{1}{6}} R^{\frac{1}{2}} \tag{6.4}$$

式中：t_1 为冲击波正压作用时间(s)。

气泡脉动压力波峰值压力、比冲量及时间关系为：

(1)脉动压力峰值

$$P_2 = C\,\frac{Q^{\frac{1}{3}}}{R} \tag{6.5}$$

式中：P_2 为二次压力波峰值压力(Pa)；C 为待定常数，TNT 装药 $C = 7.095 \times 10^6$。

(2)二次压力波比冲量

$$I_2 = D\,\frac{Q^{\frac{2}{3}}}{H^{\frac{1}{6}} R} \tag{6.6}$$

式中：I_2 为二次压力波阵面上单位面积冲量($N \cdot s/m^2$)；D 为待定常数，TNT 装药 $D = 3.43 \times 10^4$。

(3)气泡达到最大半径的时间和正压作用时间

$$t_2 = 1.02\,\frac{Q^{\frac{1}{3}}}{H^{\frac{5}{6}}} \tag{6.7}$$

$$t_2' = (0.3 \sim 0.5)\, t_2 \tag{6.8}$$

式中：t_2 为气泡达到最大半径的时间(s)；t_2' 为脉动压力波正压作用时间(s)。

6.3 水压爆破作用原理

6.3.1 冲击波在水压爆破中的作用

冲击波传播到水面时，立即反射稀疏波，使水卸载，造成部分水从水面飞出。冲击波遇到障碍物时，产生压缩冲击波的反射，其强度由障碍物的物理力学性质决定。

当炸药在装满水的容器状建筑物或构筑物内爆炸，爆炸产生的冲击波在水中传播，达到容器状建筑物或构筑物内壁时反射。壁体在冲击波作用下迅速变形，向外运动，这是第一次加载。当建筑物或构筑物是无钢筋网的砌体或素混凝土结构时，第一次加载完成，即能使它破坏。因为，冲击波首先在环向产生拉应力，壁体的向外运动又在径向产生了剪应力，拉应力超过了壁体的抗拉强度，既在径向产生径向裂隙，剪切应力使其破坏并外抛。当建筑物或构筑物是钢筋混凝土结构时，第一次加载反射波最初表现出刚性反射的压缩性质，尔后表现为稀疏性质。同时入射波又剧烈地衰减，壁体附近的水中呈现拉伸状态。而水不能承受拉力，因而产生空泡，阻止压力下降，这就是空化现象。此后空化区不断在水中扩张，因空化而被拉断的水利用已获得的动能向外作等速运动，赶上前方由于受变形阻力影响而减速的壁体，并不断给壁体补充能量使其继续运动。这时由于混凝土的强度比钢筋的强度小得多，在环向拉应力和径向剪应力的作用下，首先破坏。若在某一时刻，水体在高温高压气体推动下向外加速膨胀，追上一部分正在运动的空化水，这两个速度不同的水体进行碰撞，壁体运动速度突然增加，实施第二次加载，这时整个钢筋混凝土结构将充分破坏。

冲击波与水面发生相互作用以及气泡逸出水面时都会产生表面波，大幅度的表面波对水面物体会产生极大的破坏。在不同深度进行爆炸，所产生的表面波强度不同。

如果炸药的入水深度等于炸药包半径的一半，可以得到最大波幅的表面波，其相应入水深度称上临界深度。另一个波幅极值出现在入水深度远大于药包尺寸的下临界深度，气泡膨胀到第一个最大体积时，正好上浮到达水平面，水得到最大动能。

在对容器状建筑物或构筑物实施水压爆破时，既要考虑注水深度，又要考虑药包的入水深度和药包重量，使其对侧壁和顶破坏效果最佳。

根据文献可知，水中冲击波阵面后的压力随时间衰减得很快，可用指数曲线来近似描述，即

$$P=P_1 e^{\frac{-t}{\tau}} \tag{6.9}$$

式中：P 为药包所在处某时刻的压力值(Pa)；e 为自然对数的底；t 为时间(s)；τ 为指数衰减的时间常数(s)，即压力从 P_1 降至 P_1/e 所需时间。

对于水压爆破，容器中某点与药包中心的距离为 R，则该处 t 时刻的压力为：

$$P=P_1\mathrm{e}^{-\frac{1}{\tau}\left(t-\frac{R}{c_0}\right)} \tag{6.10}$$

式中：c_0 为水中声速(m/s)；R 为冲击波阵面距药包中心的距离(m)。

由此可求得比冲量：

$$\begin{aligned} I &= \int_{\frac{R}{c_0}}^{t} P\mathrm{d}t = \int_{\frac{R}{c_0}}^{t} P_1\mathrm{e}^{-\frac{1}{\tau}(t-\frac{R}{c_0})}\mathrm{d}t \\ &= -P_1\tau\mathrm{e}^{-\frac{1}{\tau}(t-\frac{R}{c_0})}\Big|_{\frac{R}{c_0}}^{t} \\ &= P_1\tau\left[1-\mathrm{e}^{-\frac{1}{\tau}(t-\frac{R}{c_0})}\right] \end{aligned} \tag{6.11}$$

当 $t\to\infty$ 时，总冲量为：

$$I=\int_{\frac{R}{c_0}}^{\infty}\mathrm{d}t=P_1\tau \tag{6.12}$$

由式(6.2)、式(6.3)、式(6.12)可得

$$\tau=\frac{I}{P_1}=\frac{B}{A}Q^{\frac{1}{3}}\left(\frac{Q^{\frac{1}{3}}}{R}\right)^{\beta-\alpha}\approx 10^{-4}Q^{\frac{1}{3}}\left(\frac{Q^{\frac{1}{3}}}{R}\right)^{-0.24} \tag{6.13}$$

6.3.2 水压爆破中结构的破坏

(1)材料的动力强度

冲击波是一种强烈的压缩波，冲击波波阵面通过前后，介质参数的变化不是微小量，而是一种突跃的有限变化量，在这种冲击荷载的作用下，结构产生快速变形，其强度比静载强度高，提高程度与加载速度有关。

一般将钢筋和混凝土的动力强度与静力强度之比分别定义为钢筋和混凝土的动力强度提高系数。在水压爆破导致的瞬时高压载荷下，钢筋的动力极限强度提高系数为1.13~1.35，混凝土的动力极限强度提高系数为1.40。

(2)结构的破坏形式

在爆炸载荷下，水压爆破的被拆除对象将因爆炸载荷的大小而达到不同程度破坏，混凝土和钢筋混凝土表现出不同的脆性破坏特征，大体上可分为三种类型：

①混凝土表层削落

在瞬时高压爆炸荷载作用下，水中冲击波入射到混凝土结构中形成的压缩波仍然以波的形式径向传播，当到达与空气接触的另一面时，将反射回来产生反射

拉伸波。当拉伸应力波超过混凝土的动抗拉极限强度时，会使结构表层的混凝土发生片落现象，出现这种情况，一般是装药量太少所至。

②结构局部破坏

随爆炸载荷增大，由于拉应力超过结构动抗拉强度，导致混凝土出现多组裂缝的切割破坏。一些部位的混凝土崩落。其特征为结构尚能保持完整，但破碎的混凝土块用人工敲打即可脱落。

③结构完全破坏

混凝土结构被彻底炸碎坍塌，钢筋混凝土结构中的混凝土体全部或大部分从钢筋网上崩落下来，钢筋已大变形。要达到这种破坏程度，需要加大敞口结构的装药量；而对封闭容器，除冲击波使结构产生局部破坏外，气泡脉动压力将使结构完全破坏。

6.3.3 水压爆破计算荷载

由水中爆破特性可知，冲击波正压作用时间只有结构自振周期的十分之一，故以冲量作为冲击波的计算荷载比较恰当。而将结构的实际应力与材料的动力强度进行比较，可评价水压爆破结构的破坏，进行用药量的计算，并结合工程实际，最终确定用药量。

底部与基础相连接，四周暴露于地表的水压爆破对象，可简化为单自由度结构体系；混凝土阻尼系数为0.015，钢筋混凝土阻尼系数为0.015~0.048，二者均很小。

根据达朗伯原理，单自由度体系自由振动微分方程可写为：

$$m\ddot{y}+ky=0 \tag{6.14}$$

式中：m 为单自由度体系的质量；k 为体系的刚度系数；y 为体系离开平衡位置的位移。

设初始时刻 $t=0$，质点有初始位移 y_0 和初始速度 v_0，可解得

$$y(t)=y_0\cos\omega t+\frac{v_0}{\omega}\sin\omega t \tag{6.15}$$

式中：ω 为自由振动圆频率$(1/s^{-1})$，$\omega^2=k/m$。

对于 $t=0$ 时刻处于静止状态，然后受瞬时冲量 I_1 作用的结构体系，体系将产生初速度 $v_0=\frac{I_1}{m}$，但初位移仍为零。利用式(6.15)，即可得

$$y=\frac{I_1}{m\omega}\sin\omega t \tag{6.16}$$

当 $\sin\omega t=1$ 时，式(6.16)取最大值，即可得

$$y_{\max}=\frac{I_1}{m\omega} \tag{6.17}$$

由上式可得

$$P_{\alpha}=ky_{\max}=I_1\omega \tag{6.18}$$

式中：P_{α} 为等效静载(N)，即在 P_{α} 静载作用下，结构产生的位移与爆破冲量 I 作用所产生的最大位移是一样的。

把式(6.3)代入式(6.18)，即可得 TNT 装药为 1.5×10^3 kg/m^3 的水压爆破计算荷载：

$$P_{\alpha}=5762Q^{\frac{1}{3}}\left(\frac{Q^{\frac{1}{3}}}{R}\right)^{0.89}\omega \tag{6.19}$$

6.3.4 水压爆破药量计算

对于圆筒形结构，在水中冲击波的作用下，只需考虑其径向自振圆频率，而无须考虑轴向自振圆频率，闭口圆筒形容器如此，开口圆筒形容器也是如此，根据径向振动公式可得自振圆频率：

$$\omega=\frac{c}{R} \tag{6.20}$$

式中：c 为介质中的纵波速度(m/s)；混凝土中传播速度见表 6.1；R 为圆形容器的内半径(m)。

表 6.1 混凝土的静抗拉强度和纵波波速

Table 6.1 Concrete static tensile strength and longitudinal wave velocity

混凝土等级	100	150	200	250	300	350	400
静抗拉强度 R_1/MPa	0.8	1.05	1.3	1.55	1.75	2.15	2.45
纵波波速 $c/(\mathrm{m\cdot s^{-1}})$	2760	3060	3260	3420	3500	3585	3670

一般情况下，水压爆破拆除时，药包置于圆筒形容器对称轴上的某点处，则同一高度，筒壁均匀受压，根据材料力学理论可得，筒壁环向拉应力为：

$$\sigma=\frac{P_{\alpha}R}{\delta} \tag{6.21}$$

可得，圆形结构破坏的条件应为：

$$\sigma=\frac{P_{\alpha}R}{\delta}\geqslant K_1K_2R_1 \tag{6.22}$$

将式(6. 19)、式(6. 20)代入式(6. 22)，可求得装药量的计算式为：

$$Q=\left(\frac{K_1K_2R_1}{5762c}\right)^{1.587}\delta^{1.587}R^{1.413} \tag{6.23}$$

式中：δ 为圆筒壁厚(m)；R 为圆筒半径(m)；R_1 为混凝土的静抗拉强度(Pa)，见表 6. 1；K_1 为材料的动力强度提高系数，混凝土均为 1. 40，3 号钢 1. 35，5 号钢 1. 25，16 锰钢 1. 20，25 锰硅钢 1. 13；K_2 为破坏程度系数。

水压爆破中，结构的破坏远远超出塑性变形的程度，与三个破坏形式相应的 K_2 值为：

表层混凝土裂缝、剥落 $K_2=10\sim11$；

结构局部破坏 $K_2=20\sim22$；

结构完全破坏 $K_2=40\sim44$。

上述 K_2 是凭爆破实验和经验积累而确定的，如果将式(6. 23)中括号表示的项用一个实用系数来代替，可使公式进一步简化，即令

$$K=\left(\frac{K_1K_2R_1}{5762c}\right)^{1.587}$$

则式(6. 23)可写为：

$$Q=K\delta^{1.587}R^{1.413} \tag{6.24}$$

上式中各指数取近似值，可进一步得到

$$Q=K\delta^{1.6}R^{1.4} \tag{6.25}$$

式(6. 25)称为冲量准则公式；式中的 K 值为装药系数，与爆破对象的材料性质及结构强度有关，更与要求的破坏程度及碎块飞散距离远近密切相关。从工程实践和试验资料分析，可分以下几种不同情况选取。

当爆破对象为一般混凝土和砖石结构时，可视要求的破碎情况选取 $K=1\sim3$；

当爆破对象为钢筋混凝土结构时，根据要求的破碎程度和控制碎块飞散情况，分为三个等级：

混凝土壁局部炸裂、剥离，混凝土块未脱离钢筋，基本上无碎块飞散时，选取 $K=2\sim3$；

混凝土壁炸开炸散，部分混凝土块脱离钢筋，顶部部分钢筋断而不脱，碎块飞散距离约 20 m 内，选取 $K=4\sim5$；

混凝土壁炸飞，大部分块度均匀，少量大块脱离钢筋，主筋炸坏，箍筋炸断，选取 $K=6\sim7$；这时，水柱高度可达 10~40 m，碎块飞散距离可达 20~40 m，附近建筑物可能受到破坏，应事先采取防护措施。

6.4 水压爆破中同层多药包布置研究

前面的装药量计算公式是就单个集中药包的情况导出的。实际工程中，由于结构形式多样，每个容器具有不同特点，几何尺寸、形状、结构等互不相同，单个集中药包装药爆破经常难以取得理想的效果。因此对于大直径、低高度或其他非规则容器，特别是开口容器，为了充分利用炸药爆炸能量，使容器内各部分能量合理分配，以达到使结构均匀破碎的目的，并且降低总耗药量，有效地控制爆破带来的公害，经常有必要采用多药包布药方式。现就圆形容器中多药包布置相对位置作讨论。

如图 6.1 所示，假设结构为轴对称的圆形，同一层(同一入水深度)两药包药量相同，即 $Q_1=Q_2=Q$，并同时起爆。集中药包 Q_1 与圆形横截面中心 O 连线的延长线与圆形容器交于 m_1 点，同理，Q_2 与圆形中心连线的延长线与圆形容器交于 m_2 点，m_1、m_2 点之间圆弧的中点为 n。Q_1 在 m_1 处的垂直入射冲量与 Q_2 在 m_2 处的垂直入射冲量相等，记作 I_m，Q_1、Q_2 两药包在 n 处垂直入射冲量记作 I_n。为简化讨论，Q_1 在 m_2 点的垂直入射冲量与 Q_2 在 m_1 点的垂直入射冲量不做考虑。那么 m_1 处垂直入射冲量为：

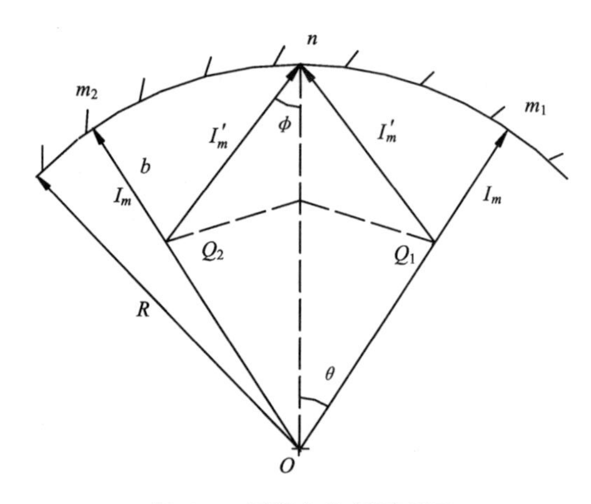

图 6.1 双药包作用原理图

Fig 6.1 Functional principle diagram of double explosive package

$$I_{\mathrm{m}}=BQ^{\frac{1}{3}}\left(\frac{Q^{\frac{1}{3}}}{R}\right)^{\beta}=BQ^{\frac{1+\beta}{3}}b^{-\beta} \tag{6.26}$$

n 处垂直入射冲量为：

$$I_n = 2I'_{\mathrm{m}}\cos^2\varphi$$

那么

$$I_n = 2BQ^{\frac{1+\beta}{3}}\{[R-(R-b)\cos\theta]^2+(R-b)^2\sin^2\theta\}^{-\frac{\beta}{2}}\frac{[R-(R-b)\cos\theta]^2}{[R-(R-b)\cos\theta]^2+(R-b)^2\sin^2\theta}$$

$$=2BQ^{\frac{1+\beta}{3}}\{[R-(R-b)\cos\theta]^2+(R-b)^2\sin^2\theta\}^{-\frac{2+\beta}{2}}[R-(R-b)\cos\theta]^2 \tag{6.27}$$

令 $I_m = I_n$ 即可得

$$\{[R-(R-b)\cos\theta]^2+(R-b)^2\sin^2\theta\}^{\frac{\beta}{2}} = 2b^\beta\frac{[R-(R-b)\cos\theta]^2}{[R-(R-b)\cos\theta]^2+(R-b)^2\sin^2\theta} \tag{6.28}$$

这就是当 m_1、m_2、n 三点垂直入射冲量相等时，即布药相对合理时，应满足的几何关系。

6.5 复杂结构水池的水压爆破研究

6.5.1 水池周围环境及结构

(1) 水池周围环境

禹城缫丝厂因扩建需要，决定拆除建于20世纪70年代末的大型水池。水池周围环境如图6.2所示，西北面12 m处有一电线杆，其上架设有向东、向南共6条动力电线，22 m处有配电室，东北面30 m处有库房，正南40 m处有一平房宿舍。

(2) 水池结构

水池结构如图6.3所示，由上下两部分组成，上部为上开口圆筒形，高3500 mm，壁厚550 mm，由四层组成，从内到外依次为：钢筋混凝土层，厚150 mm，布筋二层。内层 $\phi8$ mm钢筋，外层 $\phi10$ mm钢筋，圆筒双向配筋，纵向钢筋间距和环向钢筋间距均为250 mm；砖砌层，厚130 mm；炉渣保温层，厚100 mm；最外层为水泥抹面的砖砌层，厚170 mm。下部为圆锥形，高1900 mm，其中1.5 m处在地平面以下，壁厚550 mm，无钢筋布置，与石灰石块砌成的底座连为一体。水池内有一个外径为2000 mm，厚150 mm，高3000 mm

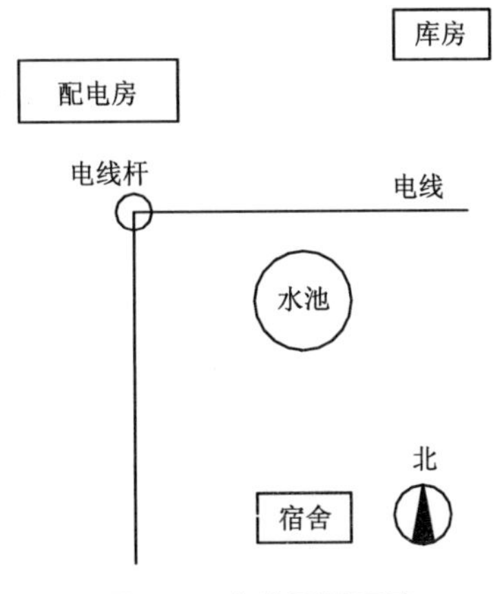

图6.2 水池周围环境

Fig 6.2 Environment of the cistern

的钢筋混凝土圆筒，圆筒由水池内底竖立的四根截面为 250 mm×250 mm 钢筋混凝土立柱支撑；圆筒内有一漏斗形的铁圆锥；紧靠上部圆筒开口处内壁有环形钢制水槽。水池总容积约 80 m^3。

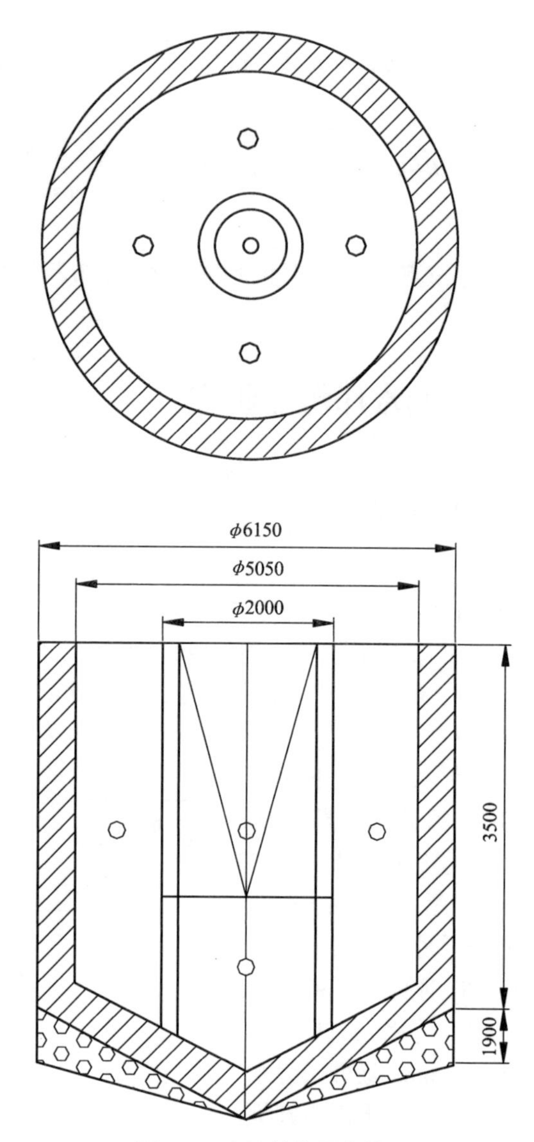

图 6.3　水池结构及布药图

Fig 6.3　Diagram of the cistern structure and the explosive distribution

6.5.2 爆破设计

1)药量计算

水压爆破即要对水池形成有效破坏，同时又要保证周围建筑等环境不受爆破影响。要达此目的，所用炸药量必须使药包爆炸后冲击波和高压气团对水池壁面的作用，在壁面所形成的应力超过水池材料的动极限抗拉强度，使钢筋混凝土层、内外砖砌层及小圆筒一起破碎坍塌，而不再有多余能量使碎石飞散过远。

药量计算采用冲量准则公式和考虑结构物尺寸的公式综合确定：

(1)由冲量准则公式(6.25)得

$$Q_T = K\delta^{1.6}R^{1.4} \tag{6.29}$$

式中：Q_T 为 TNT 炸药量(kg)；K 为药量系数，对于钢筋混凝土 $K=4\sim10$，为达到爆破目的，取 $K=6.5$；δ 为圆形建筑物壁厚(m)，该水池壁厚 550 mm，由四层三种材料组成，折合为钢筋混凝土为 $\delta=0.41$ m；R 为圆形建筑物内半径(m)，该水池内径为 $R=2.525$ m。

将以上各量代入式(6.29)得 $Q_T=5.7$ kg，折合成 $2^{\#}$岩石炸药为 7.15 kg。

(2)按结构物尺寸的经验公式得

$$Q_2 = K_B K_C \delta d^2 \tag{6.30}$$

式中：Q_2 为 $2^{\#}$岩石炸药量(kg)；K_B 为与爆破方式和结构特征有关的系数，对于开口式 $K_B=0.9\sim1.2$，取 $K_B=1.0$；K_C 为材料与环境有关的系数，对于钢筋混凝土 $K_C=0.5\sim1.0$，取 $K_C=0.7$；D 为水池内直径，5.05 m。

将以上各量代入式(6.30)得 $Q_2=7.32$ kg。

根据本水池的容积，按照一般装药量原则(容积在 25~100 m^3)，装药量为 3~8.0 kg，综合以上两式的计算结果，取 $2^{\#}$岩石炸药量 $Q=7.2$ kg。

2)药包布置

药包的布置应以爆破时水池内壁各处受到的载荷相接近，使水池均匀破碎为原则。根据这个原则，结合水池内有钢筋混凝土圆筒、底部较厚的结构特点，采取上下分两层布置药包，上层药包 4 个，每个重 1.05 kg，入水深度为 2.8 m，均匀分布在距水池内壁面 1.3 m 的同一圆周上。由于 4 个药包距小圆筒较近(仅 225 mm)，为防止碎片飞出，药包入水深度为上部注水深度的 0.8 倍。至于底部的破碎，作为考虑的重点之一，采取了在水池轴线上离下部锥顶 1 m 处布置一个 3 kg 重的药包，以加强对底部的破碎，同时创造临空面，在水池周围沿水池外壁挖环坑 1.5 m 深，使坑底与水池下端锥顶底尖位于同一水平面上，然后沿水池底部周围等距离地挖了 4 个 2 m 宽、沿径向 2 m 深的洞。药包布置如图 6.3 剖面图所示，总药量为 7.2 kg，药包重心入水深度为 6.22 m，药包重心入水深度为注水深度的 0.67 倍。

3)水池受力情况分析

水池破坏是由于壁面受到冲击波和气团的作用，作用于壁的最大冲击波压力和气团压力分别为它们的峰值压力。

水池上部药包装2#岩石炸药 $Q=1.05$ kg，折合TNT为0.84 kg；药包距上部圆筒内壁面 $R=1.3$ m，根据式(6.2)可算得仅单药包产生的冲击波波阵面峰值压力为 $P_1=36.74$ MPa。

根据式(6.5)可算得气泡脉动压力峰值 $P_2=5.15$ MPa。

水池下部药包重3 kg，折合TNT为2.4 kg，药包距水塔底部为1 m，同理，可算得冲击波波阵面峰值压力为 $P_1=73.38$ MPa，气泡脉动压力峰值 $P_2=9.50$ MPa。

水池筒壁混凝土为300号，其静抗拉强度极限为1.75 MPa，动抗拉强度极限是静抗拉强度极限的1.4倍，因此，动抗拉强度极限为2.45 MPa。

根据公式(6.21)可算得，圆壁所受动拉应力为：

$$\sigma=\frac{P_{\alpha}R}{\delta}=\frac{36.74\times2.525}{0.55}=168.67\ \text{MPa}\gg2.45\ \text{MPa}$$

因此，装药能达到使水池破坏的目的。

又由式(6.28)可算得

$$\begin{aligned}\text{式左边}&=\{[R-(R-b)\cos\theta]^2+(R-b)^2\sin^2\theta\}^{\frac{\beta}{2}}\\&=\{[2.525-(2.525-1.3)\times\cos45°]^2+(2.525-1.3)\times\sin^2 45°\}^{\frac{0.89}{2}}\\&\approx1.747\end{aligned}$$

$$\begin{aligned}\text{式右边}&=2b^{\beta}\frac{[R-(R-b)\cos\theta]^2}{[R-(R-b)\cos\theta]^2+(R-b)^2\sin^2\theta}\\&=2\times1.3^{0.89}\times\frac{[2.525-(2.525-1.3)\times\cos45°]^2}{[2.525-(2.525-1.3)\times\cos45°]^2+(2.525-1.3)^2\times\sin^2 45°}\\&\approx1.986\end{aligned}$$

可见，药包布置较好地满足了式(6.28)。

由上面的计算结果可知，作用于壁面的峰值压力足以克服水池的强度，同时，同一平面上4个药包的布置也较合理，可以保证水池均匀破坏。

4)起爆网络

每一个药包内装两个即发导爆管雷管，然后将其导爆管引到水塔外，用胶布捆扎这些导爆管与两个即发雷管在一起，将5个药包一齐起爆。

6.5.3 爆破施工与安全

(1)施工前的准备

在实施爆破前，为施工方便与安全，用氧焊将钢制水槽和铁圆锥割断，用吊车将其吊出；为了减震和增大水池底部临空面，对底部进行有效破坏，沿水池周围挖减震坑，在底部等间距开挖 4 个宽 2 m、深 2 m 的洞，将水池注满水。

为了防止飞石，在水塔外壁悬挂了两层浸水草袋。

(2)药包加工定位及安全防护

将 2#岩石炸药按设计重量称好，把两个导爆管雷管插入药卷内，再将炸药和雷管装入防水塑料袋内，用胶黏剂和防水胶布密封好后，放入塑料桶中，并用细砂将桶填满，将桶盖盖紧，再将塑料桶密封，用绳扎牢，悬吊到预定位置。

(3)爆破地震速度

爆破时地面质点的振动速度按《爆破安全规程》(GB 6722—86)中的公式进行计算，其中场地系数取 $K=200$，$\alpha=2$。

水压爆破总药量为 $Q=7.2$ kg，电线杆到水池最近为 15 m，可算得 $v_{杆}=6.31$ cm/s；最近的建筑物是配电室，距离为 22 m，可算得 $v_{配}=1.54$ cm/s，均在安全范围内，这说明爆破不会对周围环境造成地震破坏。

(4)爆破飞石防护

本次水池爆破中，水池的第三层为炉渣保温层，其内部疏松，实际上起到了缓和冲击波和水压的作用，从而也起到了控制飞石的作用。同时，水压爆破时，载荷最大处是与药包同一水平面的容器内壁各点，这些点距离药包最近。水池的其他位置随着与药包距离的加大，爆破载荷逐渐降低，向上至水面处，载荷降为零，在药包保证必要的入水深度条件下，产生飞石的可能性是很小的。为了安全，在水池外壁披挂两层浸水草袋；爆破时，人员全部撤至距水池 50 m 以外的安全地点。

6.5.4 爆破效果

随着一声闷响，一股轴对称的粗水柱腾空而起不到 5 m，水池坍塌，水流满地。既无飞石，周围建筑物也安然无恙。

水池爆渣绝大部分塌落在以水池中心为圆心，半径为 8 m 的范围内，个别飞散近 10 m，大部分钢筋混凝土脱落钢筋，内圆筒同时破碎；经清理发现水池底部也得到破碎。值得一提的是上部圆筒的破碎呈现出规律性，四个上部药包附近破碎严重些，药包之间的区域破碎稍差些。总之，爆破达到了预期的效果。

6.5.5 分析讨论和结论

上部圆筒出现不同区域破碎程度稍有不同，是由于相邻药包在水中同时爆炸，离药包远的区域冲击波压力小，并且各药包爆炸产生的冲击波相互干扰，两药包之间产生一个压力相对较低的区域。该现象可通过增加药包个数得到减轻。

与一般水压爆破不同，本次水压爆破对内圆筒的破坏主要是由于爆炸对脆性材料的压力和剪力超过其动抗压强度极限，即内圆筒的破坏主要是由于其筒壁所受压力超过其抗压强度极限所造成的。

可得到如下结论：

(1)根据构筑物的结构、大小和内部空间布置情况，采用分层药包、群药包是必要的。

(2)用水压爆破拆除构筑物，当药量适当且药包入水深度达到注水深度的0.67倍时，可避免飞石产生。

(3)通过采取措施合理布设药包，水池的底座和上部可一次实现水压爆破拆除。

7　聚能装药爆破拆除加速机理研究

7.1　引言

爆炸是一种剧烈的、极为迅速的物理或化学的能量释放过程，它必须具备两个条件：其一，单位体积能量密度很大；其二，能量释放或转化极快。根据能量的不同来源，可将爆炸分为三类，即物理爆炸，释放物理能；化学爆炸，释放化学能；核爆炸，释放核裂变或聚变能。

利用爆炸能驱动周围介质使其加速和变形是一类重要的爆炸现象，从力学角度来看，它具有两个显著特点：其一，爆炸荷载的大小与介质的运动是相互耦合的，也就是说，介质的运动取决于载荷的大小，载荷的大小又受到介质运动的影响；其二，介质运动的模型可根据情况进行选取和处理。

聚能效应能改变爆炸能量在空间的分布，大大增强了聚能罩方向的破坏效果，使该方向的作用效果为其他方向的几倍至十几倍。在拆除爆破中，聚能爆破发挥越来越独特的作用。

聚能爆破过程可分为两个阶段，第一，药型罩压垮；第二，侵彻或高速碰撞。药型罩的压垮过程极为重要，由于药型罩独特的几何形状，加之爆炸过程的高速性、大变形以及能量的高度聚集，使得相关研究成为最难的课题之一，药型罩压垮过程直接决定其爆破效果，因此，对药型罩的爆炸驱动问题的深入研究，能为设计提供合理的参数，对聚能爆破的高效实施、达到工程目的至关重要。

对聚能效应的研究可归溯到19世纪的冯·福斯特和芒罗业(C. E. Munrfe)，他们首先发现了聚能药包的聚能现象，即药包爆炸时炸药释放的能量朝聚能穴方向集聚；不过现代药型罩的发明应归功于德国的弗·鲁·托马莱克和美国的亨利·汉斯·Mohaupt。但是，直到1923—1926年人们才对此有所研究，1935年至1950年，二次世界大战加速了这一研究的过程，1941年拍摄到了这种装药爆炸时的X光照片，使人们对能量汇聚过程有了初步的了解。之后，美国、日本和苏联等国将聚能药包应用于石油开发、井巷掘进以及金属切割等方面，并取得了成效。根据聚能原理制造的石油射孔弹在石油开采中扮演重要角色，一口耗资几十万至上百万元的油井，最后能否正常出油就取决于射孔弹的射孔作用；20世纪80年代，我国学者根据我国油井实际，大胆创新，试用内层为冲压铜罩而外层为金属粉末罩的复合聚能罩装药，取得了良好的射孔效果，达到了高穿深不堵孔的目标。

张继春等采用一种新型的聚能装药方式开采石材，并对其进行了理论和实验研究，取得良好效果，能大大提高岩石切割效率，降低石材开采成本。

聚能爆破还广泛用于破碎大块、砂矿钻探中破碎砾石、土壤地层及冻土层中穿孔等。

聚能爆破研究基本上可分为两类：一是计算机模拟聚能过程，获得不同时刻质点运动情况；二是实验研究已做了不少工作，但还很不成熟，测试手段和项目均很不全面，大都采用 X 光照相技术捕捉不同时刻的形态，得到驱动过程的一个总体图像，研究只能是定性的，没有用可见光对此进行高速摄影的报道。当然，对其初始加速阶段详细研究的报道根本没有，这方面的工作开展起来的确十分困难。

实验研究作为爆炸驱动的主要研究手段，包括电测法和光测法。电测法通常是将一组传感器安放在空间某些点上，当抛体飞过这些点时，将相应传感器接通，同时发出一个电信号，利用记录设备得到两个传感器触发的时间间隔，最后得到抛体的速度。

显然，上述电测系统得到的抛体速度是两个触发时间间隔内的平均速度，它不是抛体微元的速度，而且，由于传感器是间断放置的，难以精确测量微元的整个运动过程和飞行轨迹。

与之不同，光测法能将高速变化过程记录下来，通过对带有时标的摄影图像的测量，可以得到表征这一过程的多方面的数据。定性分析照片所记录的爆破过程中的各种现象的发生和发展，对于研究爆破机理、估计爆破功能、设计爆破参数、分析爆破效果、评价爆破技术和预报爆破公害等有很大意义。因此，长期以来，高速摄影在各国被作为爆破试验的重要手段而广泛应用。

用高速摄影观测爆破过程大体上开始于 20 世纪 50 年代，苏联早期资料的发表见于 1956 年，同一时期其他许多国家如捷克、挪威、法国等也有介绍用高速摄影观测爆破过程并取得有益结果的文章。美国 B. E. Blair 1960 年系统介绍了高速摄影在爆破观测中的应用。

我国也于 20 世纪 50 年代开始在露天爆破中进行高速摄影观测，尔后历次重要的大爆破都有高速摄影记录，70 年代还开展了深孔爆破过程的高速摄影研究，公路石方抛坍爆破研究中和土壤抛掷爆破中，高速摄影均发挥了大的作用。直至今日，高速摄影特别是转镜式狭缝扫描摄影研究仍然是对爆破机理进行深入研究的极为重要的手段。

本章通过建立聚能爆破新的高速摄影狭缝扫描测试系统，对聚能爆破大锥角罩加速规律进行研究，该研究的突出特点是极高的能量密度、瞬时性、高速性、物质流动和破碎，被驱动介质形状独特(锥形)，因而测试难度大，所获文献未有报道。同时，对实验结果进行分析，具体地说，就是根据实验结果分析速度和抛掷角与 l、t 的关系，提出描述质点加速规律的数学模型；并对最大速度 v_0、最大抛掷角 δ_0、加速时间常数 τ 及 σ 进行研究，最终得到等壁厚和变壁厚罩加速规律的完整描述。同时，在与前人相同的假设条件下，通过运用与前人不同的数学方法，通过严密的分析、推理、推导抛掷角的计算公式，并将得到的结果与实验结果进行比较、与前人的研究成果进行比较，进一步对药型罩的运动进行分析研究，得到速度和抛掷角在药型罩加速过程中的变化规律，为钢结构的聚能控制爆破拆除提供支撑。

7.2 测试原理及测试系统

7.2.1 测试原理

(1)爆炸抛掷拉氏速度的测量

如前所述，爆炸驱动抛体的测量方法有多种，但一般说来，这些方法所测得的被测物体的运动速度都不是抛体微元的拉氏速度，实际上都不是抛体上质点微元的真实速度。

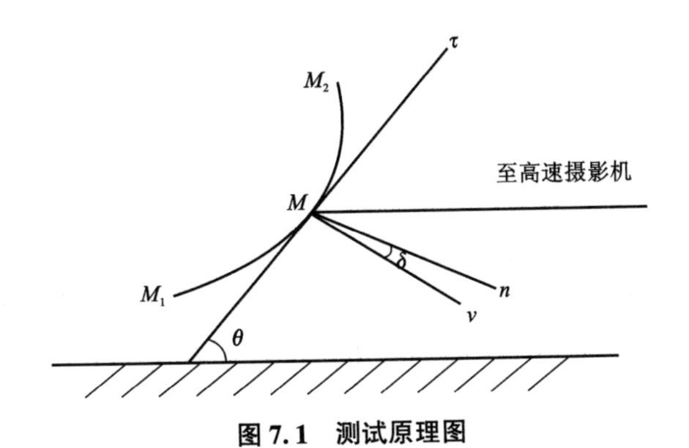

图 7.1 测试原理图

Fig 7.1 Sketch of testing principle

本文研究了一种直接测量抛体表面各点运动轨迹的拉格朗日测量方法。其原理是应用光学测量中高速相机的狭缝扫描技术，把抛体表面某个质点的空间运动在两个不同方向的投影连续地扫描记录下来，从而得到两个速度分量，最后获得该质点的运动，具体说明见图 7.1，图中，M_1M_2 是被测物体表面曲线，M 点是在物体表面上选定的被测试点，n 是初始时刻被测物体表面上 M 点的法线方向，τ 是初始时刻 M 点处抛体表面的切线方向，被测物体上切线 τ 与水平面的夹角为

θ, v 是 M 点的运动速度，v 的大小和方向都是随时间连续变化的连续函数，所以是拉氏速度，$v=v(t)$。

δ 是被测物体上 M 点的抛掷角，定义为任意时刻速度 v 的方向与被测物体表面上 M 点的法线 n 的夹角。v 的大小和方向是随时间变化的，所以 M 点在运动过程中的不同时刻法线 n 的方向不同，δ 也是随时间变化的，它是时间的连续函数，$\delta=\delta(t)$。

如图 7.1 所示，当 $\theta=\theta_1$ 时，炸药爆炸推动被测物体运动后，应用高速摄影狭缝扫描技术，可以连续地记录下 M 点在图中与水平虚线相垂直方向（即铅直方向）的投影。

同理，当其他实验条件不做任何改变，仅改变 θ，即 $\theta=\theta_2(\theta_1\neq\theta_2)$ 时，被测质点 M 运动轨迹在竖直方向的投影亦随之改变；亦可应用高速摄影狭缝扫描技术得到 M 点在垂直方向运动轨迹的投影，由这两个投影可分别求得相应的速度投影，这样就有了 M 点运动速度矢量 v 在两个不同方向的投影分量，应用矢量合成法则，可以得到 M 点的速度矢量的大小和方向。

(2)公式的建立

有关计算公式的推导如下：如图 7.2 所示，v_1、v_2 是分别对应初始角度为 θ_1 及 θ_2 时的速度，由于 θ_1 及 θ_2 对应的实验条件相同，因此，v_1、v_2 大小是相等的，只是方向不同。即：

$$v_1(t)=v_2(t)=v(t) \tag{7.1}$$

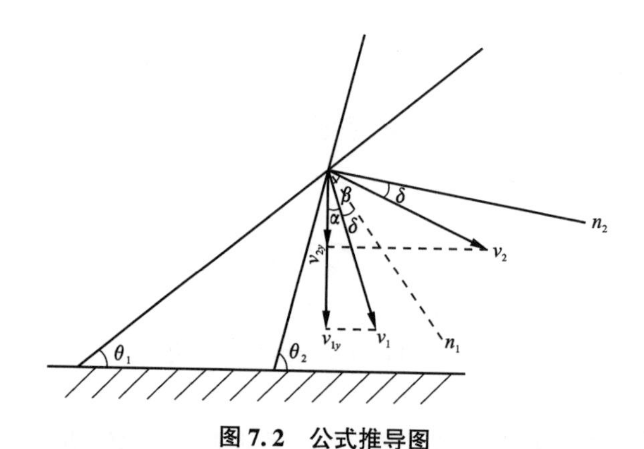

图 7.2　公式推导图

Fig 7.2　Sketch of formula derivation

v_1、v_2 之间的夹角为 β；n_1 是与 $\theta=\theta_1$ 对应的初始时刻被测物体壁面上 M 点的法线。同理，n_2 是与 $\theta=\theta_2$ 对应的初始时刻被测物体壁面上 M 点的法线方向。

δ 是定义的抛掷角，它是 n_1 与 v_1 或 n_2 与 v_2 之间的夹角，由于 $v_1=v_1(t)$，所

以 $\delta=\delta(t)$；α 为 v_1 与铅直方向的夹角，α 亦是时间的连续函数，即 $\alpha=\alpha(t)$。

v_{1y}、v_{2y} 分别为 $v_1(t)$、$v_2(t)$ 在铅直方向的投影。

即

$$v_{1y}=v_{1y}(t)$$

$$v_{2y}=v_{2y}(t)$$

由于与 $v_1(t)$、$v_2(t)$ 对应的实验条件相同，它们之间的夹角 β 在任意时刻均应为常量，由几何关系可得：

$$\beta=\theta_2-\theta_1 \tag{7.2}$$

同理，由图 7.2 可得：

$$\left(\frac{\pi}{2}-\theta_1\right)+[\alpha(t)+\delta(t)]=\frac{\pi}{2} \tag{7.3}$$

即

$$\alpha(t)=\theta_1-\delta(t) \tag{7.4}$$

又根据几何关系有：

$$\alpha(t)+\beta=\theta_2-\delta(t) \tag{7.5}$$

而

$$v_{1y}(t)=v_1\cos\alpha=v_1\cos(\theta_1-\delta) \tag{7.6}$$

$$v_{2y}(t)=v_2\cos(\alpha+\beta)=v_2\cos(\theta_2-\delta) \tag{7.7}$$

将式(7.1)、式(7.4)和式(7.6)联立，解得

$$\delta(t)=\arctan\left[\frac{\cos\theta_1-b(t)\cos\theta_2}{b(t)\sin\theta_2-\sin\theta_1}\right] \tag{7.8}$$

式中：

$$b(t)=\frac{v_{1y}(t)}{v_{2y}(t)} \tag{7.9}$$

则

$$v(t)=\frac{v_{1y}(t)}{\cos[\theta_1-\delta(t)]} \tag{7.10}$$

由此可知，如果 $v_{1y}(t)$、$v_{2y}(t)$ 能由高速摄影机测得，那么，利用式(7.8)、式(7.10)就能计算得到被测物体表面质点运动速度的大小和方向。

7.2.2 主要仪器及用途

(1)G·S·J 高速狭缝摄影机，用来连续记录质点运动轨迹在竖直方向的投影。

(2)G·S·J 高速分幅摄影机，用来对被测试件进行分幅照相。

(3)油压机，用来压制爆炸光源药柱和被测试件药柱。

(4)水平仪，用来校准支架及水平三脚架，使之水平。

(5)万能角度仪，用来测量有机玻璃块的角度。

(6)多用角度仪，用来测量被测试件内外锥角。

(7)测厚度仪，用来测量被测试件厚度。

(8)游标卡尺，用来测量试件和药柱的尺寸。

(9)模具，用来压制药柱。

(10)投影仪，用来判读实验数据。

7.2.3 主要试件

(1)被测试件

被测试件分为等壁厚的内外锥角均为 140°罩和内锥角为 140°而外锥角为 130°的变壁厚罩两种，它们的直径均为 40 mm，材料均为 45#钢。被测试件如图 7.3 所示。

图 7.3 被测试件

Fig 7.3 The tested samples

为了对罩内点的运动进行有效测量，必须给罩内表面的质点位置做标记，前几次实验标记办法是用油漆绘制黑白相间的条纹，由于绘制的不精确以及油漆的脱落等多个影响因素，给实验带来较大误差。

为了克服上述缺点，本实验后来采用罩内车制形成环形凹槽以及化学表面处理综合运用的新工艺，具体做法如下：将 45#钢制成的锥形罩放在精密车床上，于罩内表面车出几道凹槽，这样一个车制好的钢药型罩，罩内凸起的四环待做标记用，凸起很小。

首先，将车制好的罩进行除油处理，将罩浸入盐酸中约0.5 h，然后取出，放入已配好的氢氧化钠、亚硝酸钠和硝酸钠的混合溶液中进行氧化处理。具体操作是将650 g氢氧化钠溶于750 mL水中，待全部溶解后，再加入200 g亚硝酸钠和50 g硝酸钠，然后加水至1000 mL，加热到138℃，待药型罩放入后继续加热，使温度维持在138至148℃范围内，连续煮50 min后，将药型罩从溶液中取出(此时溶液温度应为148℃)，迅速放入80~90℃的肥皂液中进行清洗处理，3 min后取出，放入加热到110℃的机油中煮10 min进行上油处理，最后取出晾干。

这样处理的罩油黑发亮，罩表面形成一层厚厚的黑色氧化膜。用油石将罩内凸起环的黑色氧化膜除去，由于轴对称，除去某一个方向上的膜就行了，因为相机测试的仅为一个方向质点的运动。这样就制成了一个黑白环相间的罩，用这些黑白环标记实验中要研究的质点，即高速摄影机狭缝中拍摄的罩上黑白环相间的点。

由于亚硝酸钠是一种有毒化学品，氢氧化钠是一种强腐蚀剂，而且表面化学处理对温度要求较严，过高太低的温度都不行，工艺过程复杂，化学处理必需在通风橱内进行，本人通过反复摸索才得以成功。

为了今后说明问题的方便，我们做如下约定：选定锥形罩锥顶点为 $l=0$，沿其形成线(母线)距这点的距离记作 l，被测试件的详细参数见表7.1，其中，对1~4号罩作狭缝扫描摄影；5~6号罩作分幅摄影。

表7.1 被测试件参数

Table 7.1 The parameters of tested samples

编号	材料	直径/mm	锥角/(°)		质量/g	密度/(g·cm^{-3})	装药	药量/g	装药 ρ_e/(g·cm^{-3})
			内	外					
1	45#钢	ϕ40	140	140	25	7.8	8701	70	1.648
2	45#钢	ϕ40	140	140	18	7.8	8701	100	1.648
3	45#钢	ϕ40	140	140	24	7.8	TNT	65	1.630
4	45#钢	ϕ40	140	130	24.2	7.8	8701	70	1.648
5	45#钢	ϕ40	140	140	19.7	7.8	8701	65	1.648
6	45#钢	ϕ40	140	130	26.8	7.8	8701	65	1.648

(2)药柱

药柱有被测试件药柱和光源药柱之分。

(3)爆炸光源

为了获得理想的光信息，需要足够发光强度的光源，为此采用了爆炸光源，经反复试验证明，由于药型罩是内凹的特殊形状，不利于反射光，加之光路上平面镜对光的损失，一般情况下，8701/硝酸钡/铝粉按 50 g/50 g/15 g 压制成的爆炸光源，光强度不够，实验效果不够理想，已不能满足需要；因此，实验中先对光源进行了研究，调整了爆炸光源装药的配方，改用 8701/硝酸钡/镁铝合金粉为 50 g/50 g/15 g 的新配方，发光强度有明显增加，实验效果大大优于前一种。但镁铝合金粉不易获得，且难以压制，后来，还对 8701/硝酸钡/镁粉 = 50 g/50 g/15 g 的配方进行了对比实验，结果也是令人满意的。图 7.4 是采用镁铝合金粉压制的光源照明得到的实验照片；图 7.5 是采用粗镁粉压制成的光源照明的实验照片。从对光源的研究中还发现，硝酸钡在发光中起的作用不大。

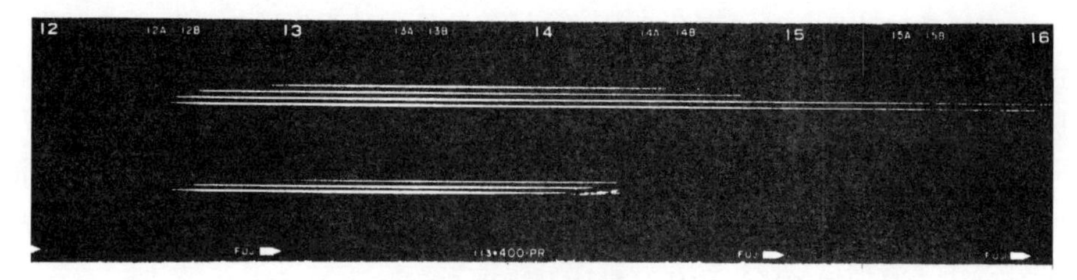

图 7.4　光源效果图之一

Fig 7.4　Diagram 1 of light source effect

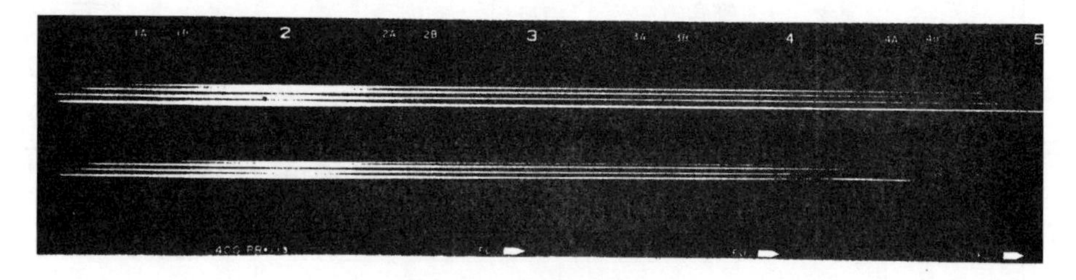

图 7.5　光源效果图之二

Fig 7.5　Diagram 2 of light source effect

(4)反光镜

反光镜用 4 mm 厚有机玻璃板和螺钉制成。

(5)反光镜

反光镜用来改变光路，为了一次同时得到一个被测试件的两个相，采用两块平面镜互成角度放置，其中一块与水平面成45°角，另一块约成37°角，使被测试件通过两块平面镜所成的像均在狭缝扫描摄影能拍摄的范围之内。

(6)水平支架

水平支架上、下均为有机玻璃板，中间用粗圆管连接。所构成的支架用来支托被测试件。

(7)导爆索及高压雷管

导爆索及高压雷管用来延时、起爆光源药柱和被测试件药柱。

7.2.4　测试系统

根据上述原理，可以建立图7.6所示的测试系统。试件形状可以是板、管等。

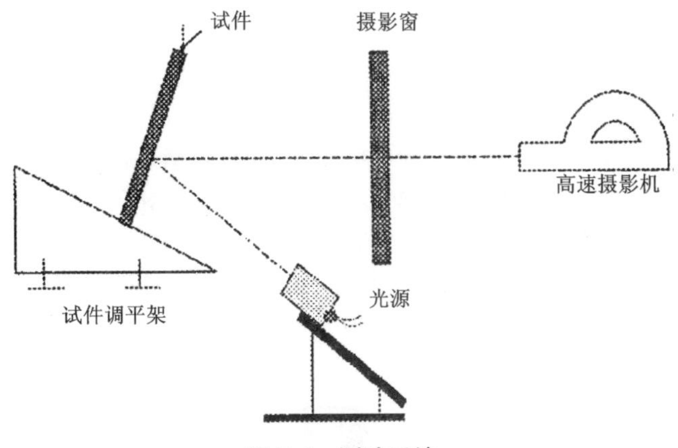

图7.6　测试系统

Fig 7.6　Sketch of testing system

光源可依不同实验情况选择闪光光源、连续光源(如聚光灯)或者采用爆炸光源，总之，光源应有足够的强度以保证胶片充分曝光。本研究采用的是爆炸光源，实验中，试件与光源同时起爆，获得了试件加速过程的规律。

但是，为了获得试件质点真实运动轨迹和速度，必须在仅改变 θ 角而其他条件不变的情况下重复实验，然后由两次实验数据而得质点速度大小和方向。显而易见本系统存在的根本问题在于：首先，两次实验试件不可能完全相同；其次，底片判读时间不可能严格对应。

由于本实验被测对象的特殊形状、所测过程的高速性、瞬时性及爆炸的破坏性。为保证测试过程不损坏高速摄影机和其他设备，确保得到清晰的像，同时，提高测试精度，特别是能利用高速狭缝扫描摄影连续记录质点的一维真实运动轨迹，并突破其仅能研究一维运动的限制，以使本实验能研究二维运动，获得质点二维运动的真实速度；本实验建立了如下测试系统，如图 7.7 所示。

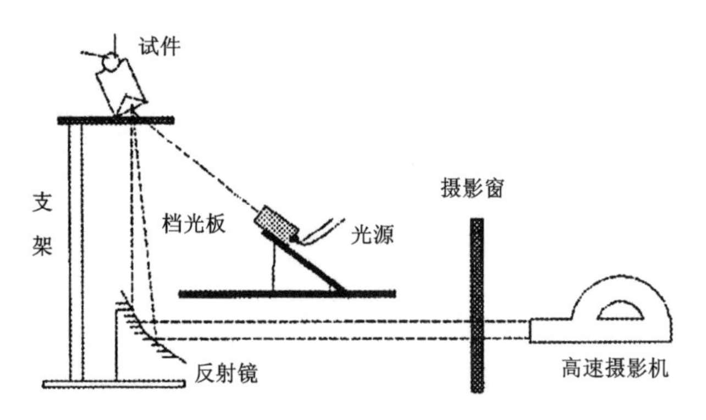

图 7.7　改进后的测试系统

Fig 7.7　Sketch of improved testing system

这个测试系统的特点是：通过使用反射镜改变光路，保证了防爆窗及仪器的安全，这为破坏性大的实验提供了一个安全可靠的方法；特别是，采用了互成角度的双平面镜，一次实验能够记录两个不同角度的像。图 7.6 所示测试系统每得一组数据，需做两次不同试件(认为条件完全相同)的实验；由于加工不可能保证两次实验试件条件完全相同及装药的差别、标记的不对应，势必导致实验结果存在误差。图 7.7 所示的新系统，只要一次实验就可得到同一点的两个不同相，这就从根本上彻底消除了两次不同试件实验所带来的误差。同时，图 7.6 所示的测试系统，两次不同试件实验的测试点运动轨迹的垂直分量在不同的照片上，导致运动质点投影的起始点很难找准，因而，很难保证对应起始点的一致，这往往造成判读底片的错位，产生误差，而且这种误差往往较大。图 7.7 所示的新系统将两像成在一张底片上，保证了对应点时间的一致，消除了判读底片错位而产生误差的原因，从而避免了这种误差的产生。特别是图 7.7 所示的系统拓展高速狭缝扫描摄影的研究领域从一维到了二维，大大丰富了其研究的内容，拓展了人们的视野，也提高了工作效率，但做单次实验花费时间与过去比有所延长。

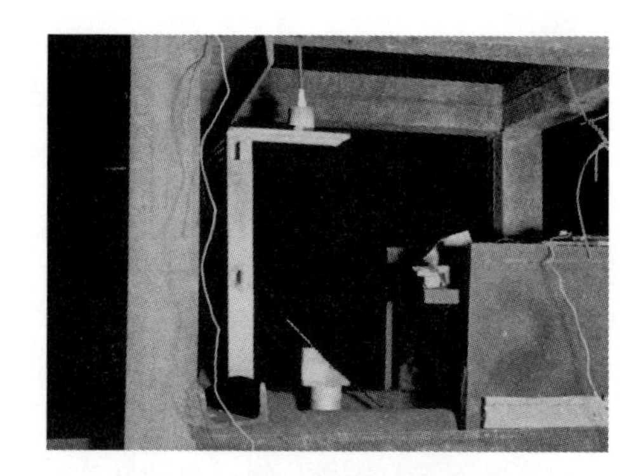

图 7.8　改进后的测试系统照片

Fig 7.8　Photograph of improved testing system

7.3 实验结果

7.3.1 实验条件

实验中对内外锥角均为140°的等壁厚药型罩及内角140°、外角130°的变壁厚两种类型罩的爆炸驱动的速度和抛掷角进行了测量，采用了8701和TNT两种装药，药量分65 g、70 g和100 g三种，装药8701密度为$\rho_8=1.648\ g/cm^3$，TNT密度$\rho_t=1.63\ g/cm^3$，从顶端中心起爆。

采用爆炸光源作照明，爆炸光源由8701、硝酸钡及镁铝合金粉按一定比例混合压装而成，或8701、硝酸钡及粗镁粉按同样比例混合压装而成。制成聚能型，以保证狭缝所对罩壁各点光的强度。为保证在强光时记录被测物体的变形运动过程，光源与被测试件(药型罩装药)的起爆时间需协调配合，被测试件的起爆应适当滞后，本实验是采用一根长150 mm的导爆索来延时的。

7.3.2 拉氏测试的实验结果

图7.9~图7.12是对应于表7.1中编号为1~4号罩的实验照片，图中黑白相间的条纹的分界线代表了板上沿药型罩形成线分布的各点微元在铅直方向的运动轨迹。从照片上可以看出，罩顶的白环由于本身不利于反射，同时爆轰波最先到达而被压垮，因此，曝光极弱，不予研究；罩口部附近的白环又由于被压垮成碎片而飞散开，曝光也不强，不便研究，因此，只就中部两环做研究。随着l的增长，各点微元在铅直方向的运动轨迹斜率是逐渐变小的，这说明沿l速度是下降的。所以药型罩的爆炸驱动是非定常的。

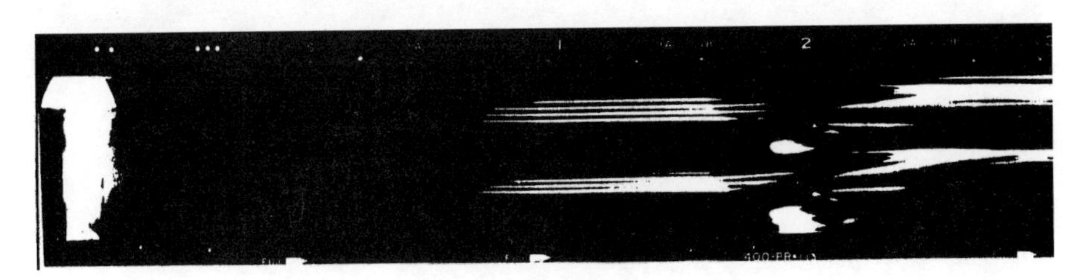

图7.9 测试照片之一

Fig 7.9 Number 1 of tested photograph

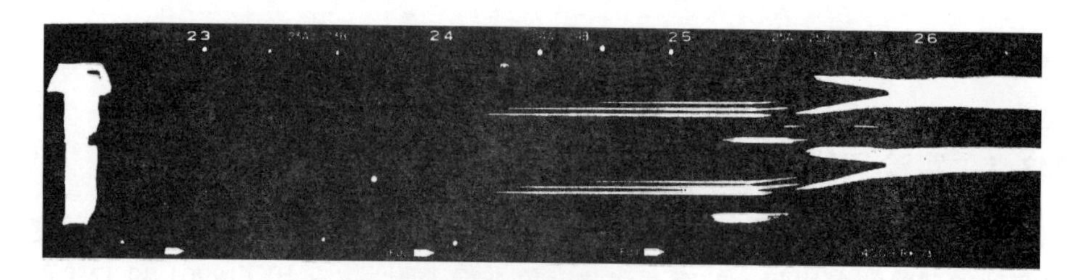

图 7.10　测试照片之二

Fig 7.10　Number 2 of tested photograph

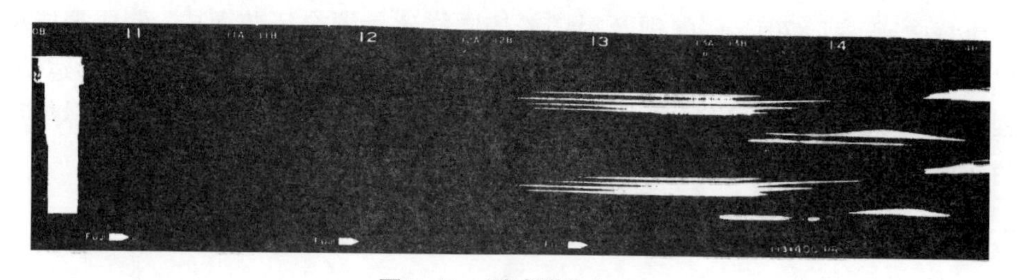

图 7.11　测试照片之三

Fig 7.11　Number 3 of tested photograph

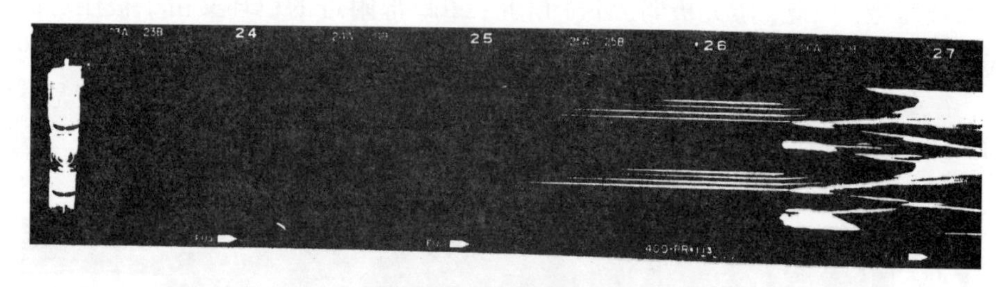

图 7.12　测试照片之四

Fig 7.12　Number 4 of tested photograph

(1)双 140°等壁厚罩实验结果及处理

对应于编号为 1 的罩的实验照片图 7.9，是装药为 8701、药量为 70 g、初始设置角分别为 $\theta_1=48°$及 $\theta_2=65°$的照相结果。图 7.17 是为了和狭缝扫描摄影对照而拍摄的分幅照片。

比较每条底片上下分别所成的罩壁面运动所成的狭缝相，即铅直方向运动轨迹的相片，对同一质点而言，小的初始角($\theta_1=50°$左右)对应的速度变化比大初始

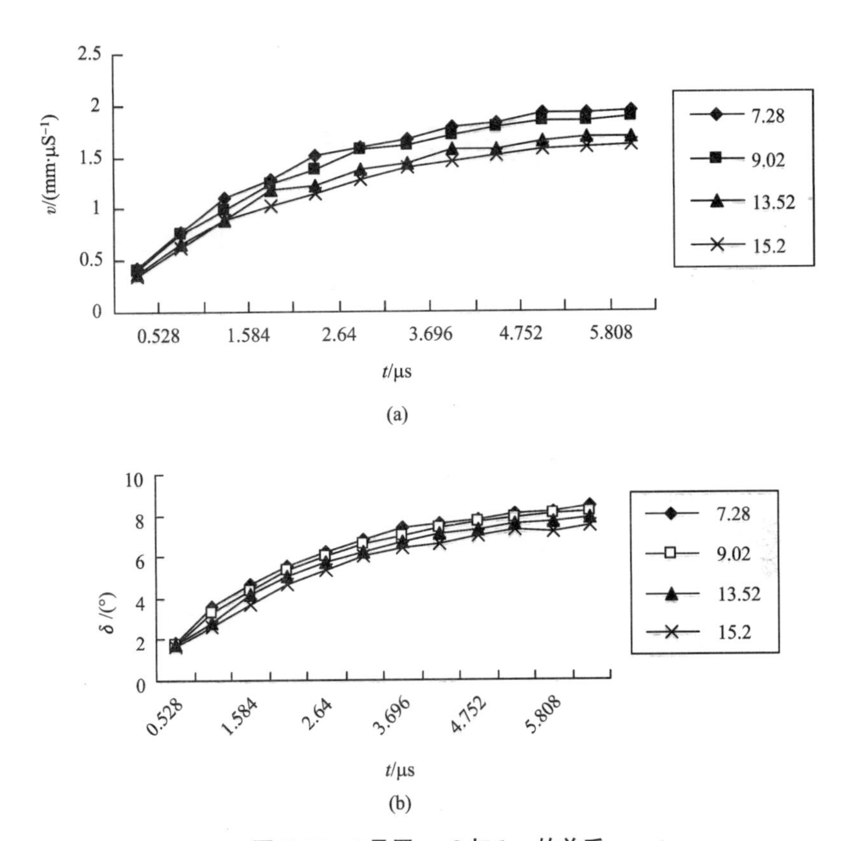

图 7.13　1 号罩 v、δ 与 l、t 的关系

Fig 7.13　Relation of v or δ with l and t of number 1 cover

角($\theta_2=64°$左右)对应的速度变化快，亦即 $v_{1y}>v_{2y}$。

对图 7.9～图 7.11 进行比较可见，由于其装药品种以及装药量、装药与罩质量比的不同，导致了罩壁的加速速度不同。但是，它们都随 l 的增大，各质点微元在铅直方向的运动轨迹的斜率变小，这表明沿 l 罩壁质点微元的速度是下降的。图 7.10 所示的加速最快，轨迹的斜率最大。

用投影仪测量在一定时间间隔内各质点的位移，计算出 v_{1y} 及 v_{2y}，用所推导的式(7.8)和式(7.10)进行计算，就得到了罩壁上各点随 t、l 变化的速度 $v(t_i, l_i)$值。

t 从爆轰到达标记点微元记作时刻零，l 是标记点沿罩形成线到罩顶点的距离，在顶点处 $l=0$。质点速度 v 及抛掷角 δ 均随 t 和 l 而变化。

不同情况下，v 及 δ 随 t 和 l 变化曲线如图 7.13～图 7.15 所示。

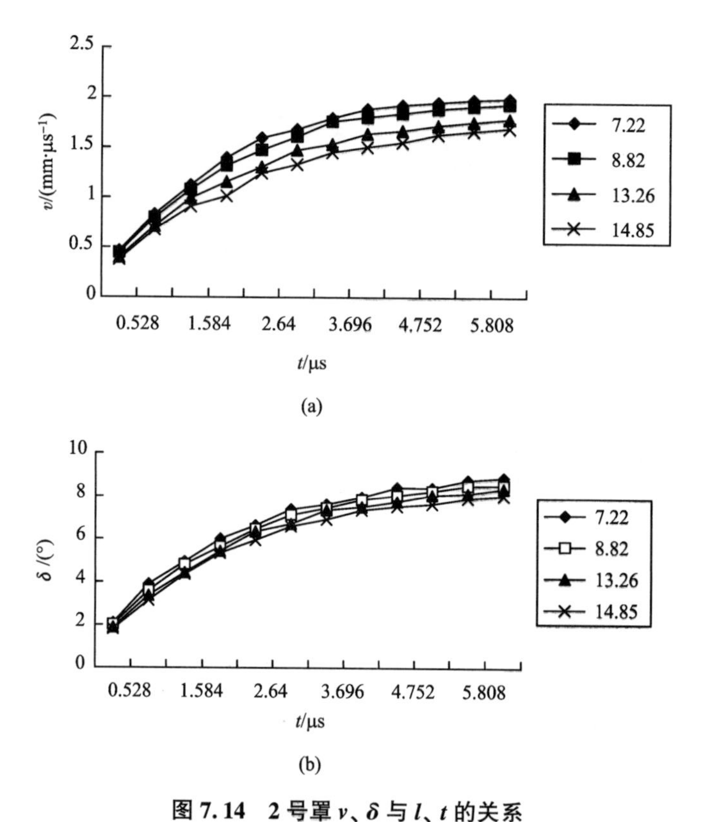

图 7.14　2 号罩 v、δ 与 l、t 的关系

Fig 7.14　Relation of v or δ with l and t of number 2 cover

(2)变壁厚罩实验结果及处理

图 7.12 是装药为 8701、药量 70 g、初始设置角 $\theta_1=49°$ 及 $\theta_2=64.5°$ 的照相结果。v 及 δ 随 t 和 l 变化曲线如图 7.16 所示。

图 7.18 是为了与狭缝扫描摄影对照而拍摄的内角为 140°、外角为 130° 的变壁厚药型罩的分幅摄影实验照片。从图中可见，从罩顶开始随 l 增长的各质点微元在铅直方向运动轨迹的斜率也是逐渐变小的，说明沿 l 速度也是下降的，变壁厚罩的爆炸驱动也是不定常情形。但它与等壁厚罩的爆炸驱动照片比较可见，微元铅直方向运动轨迹的斜率随 l 增长而变小得慢些。

实验的光学误差在 1%以内。

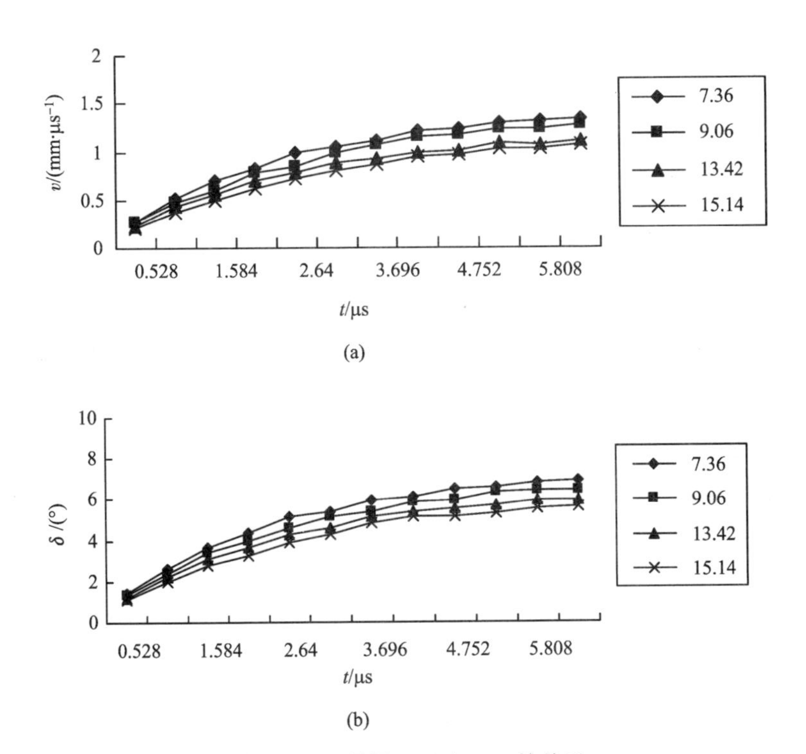

图 7.15 3号罩 v、δ 与 l、t 的关系

Fig 7.15 Relation of v or δ with l and t of number 3 cover

7.4 抛掷速度

7.4.1 实验结果的简略分析，指数加速模型

分析本章所得实验结果，等壁厚罩从顶端起爆条件下，其运动具有如下特点：

(1)在同一 t 下，质点速度沿 l 是减小的，即 l 增加，v 减小；

(2)在同一 t 下，质点变形角 δ 沿 l 是减小的，即 l 增加，δ 减小；

(3)固定的 l 处，质点速度随 t 上升，起初加速很快，逐渐趋于定值，v 的变化具有指数曲线的特征；

(4)对固定的 l，变形角 δ 随 t 上升，起初上升很快，逐渐趋于定值，δ 的变化具有指数曲线的特征；

(5)对图 7.9~图 7.11 的不同装药条件下的爆炸驱动进行比较发现，v、δ 随 t

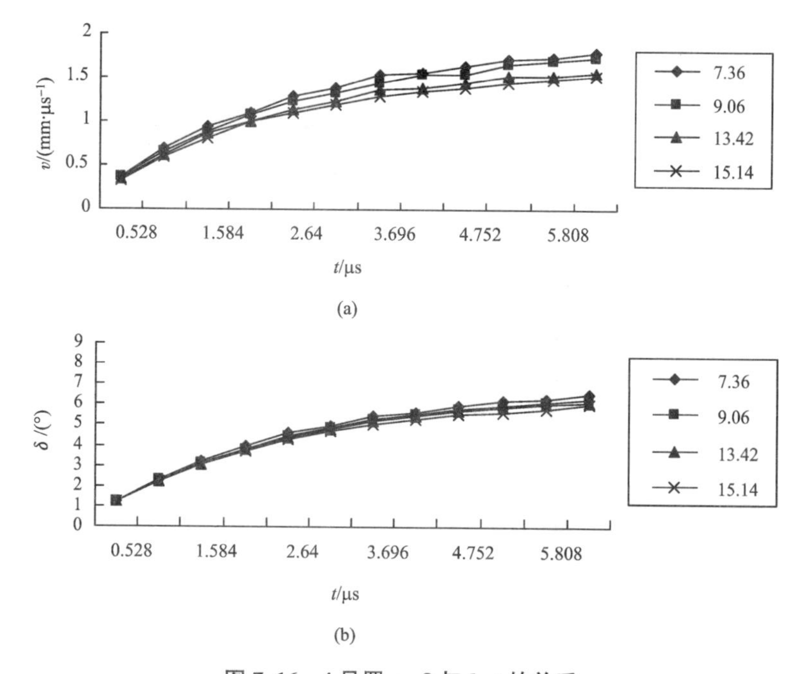

图 7.16　4 号罩 v、δ 与 l、t 的关系

Fig 7.16　Relation of v or δ with l and t of number 4 cover

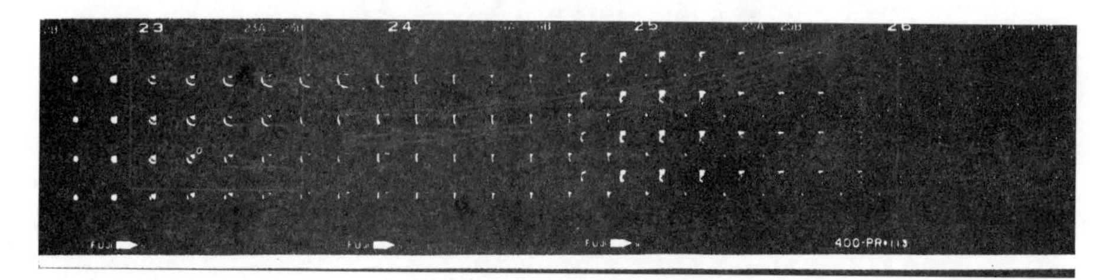

图 7.17　5 号罩分幅照片

Fig 7.17　Framing photograph of the fifth cover

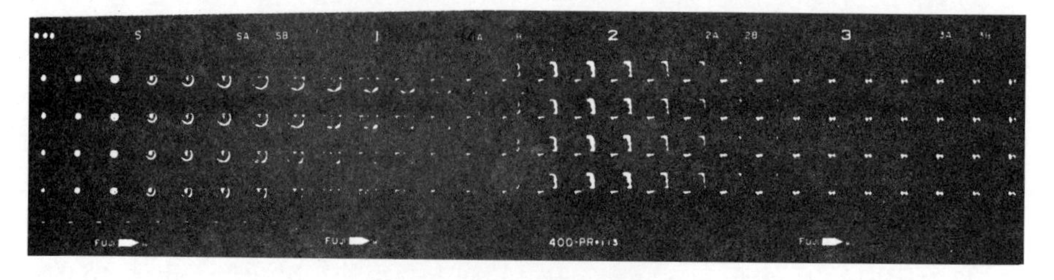

图 7.18　6 号罩分幅照片

Fig 7.18　Framing photograph of the sixth cover

增长的快慢不同，达到的最大值也不同，同时，最大值随 l 的增长而减小的快慢也不同。但每种情况下都具有上述 4 个加速特征，因此，我们只取其中图 7.9 来进行研究。

对于变壁厚罩从顶端起爆条件下罩的变形运动，具有跟等厚罩前 4 个相同特点，它与等厚罩的区别在于，等壁厚罩 v、δ 随 l 的变化快，而变壁厚罩随 l 变化慢些。

P. C. Chou 在研究药型罩和圆筒的不定常驱动加速时，以及 Randers 运用一种简化的二维计算机代码模拟金属药型罩被炸药爆炸驱动产生加速度时，都曾指出质点速度的指数加速模型：

$$v=v_0\{1-\exp[-(t-T)/\tau]\} \tag{7.11}$$

式中：v_0 为质点最大速度；T 为爆轰波到达所研究质点的时间；τ 为是表征质点加速快慢的特征加速时间。

P. C. Chou 将 v_0、T、τ 均视为与 l 有关，实验发现它们的确与 l 有关。

从所得实验数据的分析可知，罩壁质点的速度是指数增长的，因此，我们采用式(7.11)作为速度的基本关系式，给出 v_0、τ 的具体表达式，从而得到药形罩速度加速规律。

从实验发现，不同质点的 v_0 不同，v_0 与药型罩本身的尺寸、密度等罩本身特性、装药等多种因素有关，情况是比较复杂的，本文未能得到普遍适用的 v_0 计算公式，只是以实验数据为依据，通过拟合得到 v_0 的计算公式。

(1)对于 1 号等壁厚罩：

$$v_0=2.0010-0.0261l \tag{7.12}$$

(2)对于 4 号变壁厚罩：

$$v_0=1.8819-0.0175l \tag{7.13}$$

7.4.2 特征加速时间的确定及意义

按照实验得到的 $v=v(t_i, l_j)$ 值，用式(7.6)即可求出不同的(t_i, l_j)处的 $\tau(t_i, l_j)$ 值。在求 τ 时，由于 v 的表达式在 $t\to\infty$ 时才有 $v\to v_0$，这显然是不合理的。由于各种阻力的存在，加速一段时间后就不再加速，实际上，当 $t=4\tau$ 时，已有 $v=98.17\%v_0$，$t=3.912\tau$ 时，$v=98\%v_0$。

因而，τ 越大，加速越慢，加速时间越长。为了通过求出的 τ 所计算的 v 能与实验值吻合，实际求 $\tau(t_i, l_j)$ 时，所用的式子是：

$$\tau=-t/\ln\left(1-\frac{0.98v}{v_0}\right) \tag{7.14}$$

对于 1 号罩，τ 趋于定值，$\tau=2.3515$，这说明 1 号罩各质点的加速快慢极为相近。

对于变壁厚的 4 号罩，研究可知，固定的 l_j 对应的 τ 值是相等的，但 τ 值随 l 而改变，数据拟合得：

$$\tau = 2.7404 - 0.0314l \tag{7.15}$$

由此可见，变壁厚罩随 l 的增长，τ 反而减小，也就是说，越薄的部分被加速得越快，越易达到最终速度，但 τ 的下降不快。

通过前面的分析，最后可确定表征被驱动药型罩加速过程的运动速度大小为：

(1)对于等壁厚情况：

$$\begin{aligned} v &= v_0\{1-\exp[-(t-T)/\tau]\} \\ v_0 &= 2.0010 - 0.02610l \\ \tau &= 2.3516 \end{aligned} \tag{7.16}$$

(2)对于变壁厚罩情况：

$$\begin{aligned} v &= v_0\{1-\exp[-(t-T)/\tau]\} \\ v_0 &= 1.8819 - 0.0175l \\ \tau &= 2.7404 - 0.0314l \end{aligned} \tag{7.17}$$

式中：T 为爆轰波到达所研究质点的时间；t 为时间，可以取适当时刻作为零点，例如 $l=0$ 处 $t=0$。

以上 6 式完全确定了等壁厚罩和变壁厚罩在加速过程中的速度。

7.5 抛掷角

7.5.1 基本方程的推导

本文所说的抛掷角(变形角)指的是药型罩形成线(母线)上某点处的压垮方向与罩变形前该点处法线方向所夹的锐角。对抛掷角的计算，人们已有研究，本文所做的工作是尝试用一种新的方法得到抛掷角的计算公式。

基本假设：

(1)爆轰压力垂直地作用于药型罩上；

(2)δ 可认为很小；

(3)忽略在加速期间沿长度 l 方向的质点间的应力分量，从而罩在加速期间的伸长可以忽略。

如图 7.19 所示，β 为瞬时压垮角，γ 是某时刻罩表面某点切线与变形前相对该点切线的夹角，α 是罩变形前的半锥角。

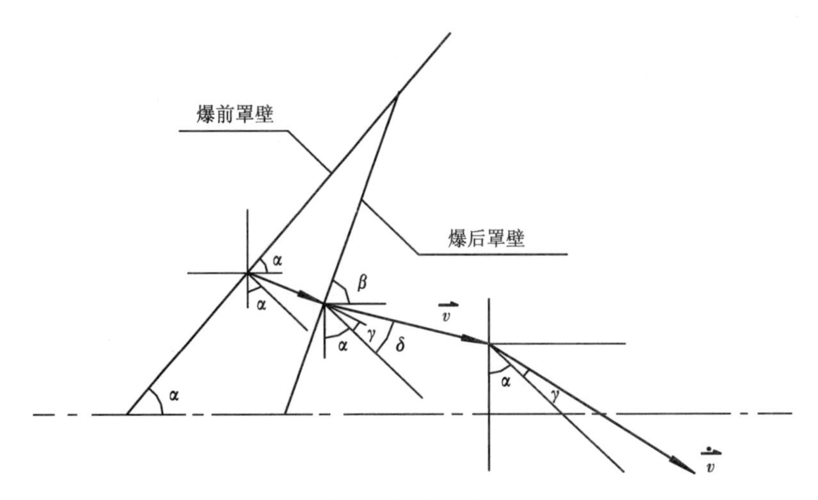

图 7.19 变形角推导图

Fig 7.19 Sketch of projection angles formula derivation

由图可见：

$$\gamma=\beta-\alpha \tag{7.18}$$

$$\frac{\mathrm{d}X}{\mathrm{d}t}=v\sin(\alpha+\delta) \tag{7.19}$$

另外，根据爆压始终垂直作用于罩表面的假设及牛顿第二定律，得

$$\frac{\mathrm{d}^2X}{\mathrm{d}t^2}=\frac{\mathrm{d}[v\sin(\alpha+\delta)]}{\mathrm{d}t} \tag{7.20}$$

又由图 7.19 的几何关系有：

$$\frac{\mathrm{d}^2X}{\mathrm{d}t^2}=\frac{\mathrm{d}v}{\mathrm{d}t}\sin(\alpha+\gamma) \tag{7.21}$$

结合式(7.20)、式(7.21)，得：

$$\sin(\alpha+\delta)=\frac{1}{v}\int_T^t\frac{\mathrm{d}v}{\mathrm{d}t}\sin(\alpha+\gamma)\,\mathrm{d}t \tag{7.22}$$

其中，T 为爆轰到达药型罩表面的时间。

对式(7.22) 两边取正弦函数的 Taylor 展开式得：

$$(\alpha+\delta)-\frac{1}{6}(\alpha+\delta)^3+\cdots=\frac{1}{v}\int_T^t\frac{\mathrm{d}v}{\mathrm{d}t}\left[(\alpha+\gamma)-\frac{1}{6}(\alpha+\gamma)^3+\cdots\right]\mathrm{d}t \tag{7.23}$$

因为 α 与 t 无关，同时有：

$$\frac{1}{v}\int_{T}^{t}\left(\frac{\mathrm{d}v}{\mathrm{d}t}\right)\mathrm{d}t = 1 \tag{7.24}$$

把式(7.24)代入式(7.23)，并忽略δ和γ得二次及二次以上的项，合并同类项可得：

$$\delta = \frac{1}{v}\int_{T}^{t}\frac{\mathrm{d}v}{\mathrm{d}t}\gamma\mathrm{d}t \tag{7.25}$$

对式(7.25)分步积分得：

$$\delta = \gamma - \frac{1}{v}\int_{T}^{t}v\frac{\mathrm{d}\gamma}{\mathrm{d}t}\mathrm{d}t \tag{7.26}$$

令$A = \alpha + \delta$，则：

$$\frac{\mathrm{d}A}{\mathrm{d}l} = \frac{\mathrm{d}\delta}{\mathrm{d}l} \tag{7.27}$$

由文献知：

$$\beta = \frac{\tan\alpha - \cos A\int_{T}^{t}\frac{\mathrm{d}v}{\mathrm{d}x}\mathrm{d}t + \sin A\frac{\mathrm{d}A}{\mathrm{d}x}\int_{T}^{t}v\mathrm{d}t}{1 + \sin A\int_{T}^{t}\frac{\mathrm{d}v}{\mathrm{d}x}\mathrm{d}t + \cos A\frac{\mathrm{d}A}{\mathrm{d}x}\int_{T}^{t}v\mathrm{d}t} \tag{7.28}$$

又

$$\tan\gamma = \frac{\cos\alpha\left[\sin\delta\frac{\mathrm{d}A}{\mathrm{d}x}\int_{T}^{t}v\mathrm{d}t - \cos\delta\int_{T}^{t}\frac{\mathrm{d}v}{\mathrm{d}x}\mathrm{d}t\right]}{1 + \cos\alpha\left[\sin\delta\int_{T}^{t}\frac{\mathrm{d}v}{\mathrm{d}x}\mathrm{d}t + \cos\delta\frac{\mathrm{d}A}{\mathrm{d}x}\int_{T}^{t}v\mathrm{d}t\right]} \tag{7.29}$$

式(7.28)中用$\frac{\mathrm{d}}{\mathrm{d}l}$代替$\frac{\mathrm{d}}{\mathrm{d}x}$，则有：

$$\tan\gamma = \frac{\sin\delta\frac{\mathrm{d}A}{\mathrm{d}l}\int_{T}^{t}v\mathrm{d}t - \cos\delta\int_{T}^{t}\frac{\mathrm{d}v}{\mathrm{d}l}\mathrm{d}t}{1 + \sin\delta\int_{T}^{t}\frac{\mathrm{d}v}{\mathrm{d}l}\mathrm{d}t + \cos\delta\frac{\mathrm{d}A}{\mathrm{d}l}\int_{T}^{t}v\mathrm{d}t} \tag{7.30}$$

因为δ和γ均可认为很小，根据基本假设及文献，$\frac{\mathrm{d}A}{\mathrm{d}l} = \frac{\mathrm{d}\delta}{\mathrm{d}l}$亦很小，则有：

$$\gamma = -\int_{T}^{t}\frac{\mathrm{d}v}{\mathrm{d}l}\mathrm{d}t \tag{7.31}$$

式(7.31)代入式(7.26)有：

$$\delta = -\int_{T}^{t}\frac{\mathrm{d}v}{\mathrm{d}l}\mathrm{d}t + \frac{1}{2v}\int_{T}^{t}\frac{\mathrm{d}v^{2}}{\mathrm{d}l}\mathrm{d}t \tag{7.32}$$

7.5.2 抛掷速度在求抛掷角中的应用

本章中，我们已经得到：

$$v = v_0(l)\{1 - \exp[-(t - T)/\tau]\} \tag{7.33}$$

这里 v_0、T 和 τ 仅为 l 的函数，则相应的加速度为：

$$a = \frac{\partial v}{\partial t} = \left(\frac{v_0}{\tau}\right)\exp[-(t - T)/\tau] \tag{7.34}$$

为了便于积分，可变换积分的时间顺序，式(7.32) 可写成：

$$\delta = -\frac{\partial}{\partial l}\int_T^t v\mathrm{d}t + \frac{1}{2v}\cdot\frac{\partial}{\partial l}\int_T^t v^2\mathrm{d}t \tag{7.35}$$

当 $t = T$ 时，$v = 0$，则对 T 的微分等于零。

对式(7.33) 积分可得到：

$$\int_T^t v\mathrm{d}t = v_0(t - T) - \tau v \tag{7.36}$$

$$\int_T^t v^2\mathrm{d}t = v_0[v_0(t - T) - \tau v] - \frac{1}{2}\tau v^2 \tag{7.37}$$

将式(7.36)、式(7.37) 代入式(7.35) 可得：

$$\delta = \frac{\partial}{\partial l}[\tau v - v_0(t - T)] - \frac{1}{2v}\cdot\frac{\partial}{\partial l}\left\{v_0[\tau v - v_0(t - T)] + \frac{1}{2}\tau v^2\right\} \tag{7.38}$$

当 $t\to\infty$ 时，$\delta = \delta_0$，这就是最大抛掷角，这时 v 变成 v_0，$\mathrm{d}v/\mathrm{d}l$ 变成 $\mathrm{d}v_0/\mathrm{d}l$，则

$$\delta_0 = \frac{v_0}{2}\cdot\frac{\partial T}{\partial l} - \frac{1}{2}\cdot\tau\cdot\frac{\mathrm{d}v_0}{\mathrm{d}l} + \frac{1}{4}\frac{\mathrm{d}\tau}{\mathrm{d}l}v_0 \tag{7.39}$$

令

$$u = \frac{\partial l}{\partial T}$$

即 u 表示爆轰波扫过罩壁的速度，则得：

$$\delta_0 = \frac{v_0}{2u} - \frac{\tau}{2}\frac{\mathrm{d}v_0}{\mathrm{d}l} + \frac{1}{4}\frac{\mathrm{d}\tau}{\mathrm{d}l}v_0 \tag{7.40}$$

此式与 P. C. Chou 得到的结论完全相同，虽然它们的处理方法和推导方法完全不同。

7.6 计算值与实验结果的比较

如前所述，作者已通过实验获得 45# 钢制成的直径为 ϕ40 mm，内外锥角均为 140°，质量为 25 g，装药为 8701 炸药，药量为 70 g 的等厚药型罩和 45# 钢制成的

直径为 ϕ40 mm，内锥角 140°，外锥角 130°，质量 24.2 g，装 8701 炸药，药量 70 g 的变厚药型罩最终变形角。现将实验测量值 δ_{0m} 与由式(7.9)计算所得不同 l 处的计算值 δ_{0c} 均列于表 7.2 和表 7.3。

表 7.2 等厚罩最终变形角

Table 7.2 Final projection angles of same-thickness cover

l/mm	7.28	9.02	13.52	15.20
δ_{0c}/(°)	8.98	8.83	8.36	8.19
δ_{0m}/(°)	8.91	8.78	8.31	8.15

表 7.3 变厚罩最终变形角

Table 7.3 Final projection angles of changing-thickness cover

l/mm	7.20	8.30	13.70	14.80
δ_{0c}/(°)	7.51	7.42	7.00	6.91
δ_{0m}/(°)	7.41	7.37	6.91	6.86

7.7 与前人工作的比较

著名的 Taylor 公式为：

$$\sin\delta_0 = \frac{v_0}{2u} \tag{7.41}$$

该公式已广泛应用于各种爆炸驱动的工程设计和研究中，式中的 v_0 一般由 Gurney 公式给出。

Defourneax 修正了 Richter 的近似方法，得到方程：

$$\frac{1}{2\delta_0} = \frac{1}{\varphi_0} + k\frac{\rho\varepsilon}{e} \tag{7.42}$$

式中：k、φ_0 为经验常数；ρ 和 ε 是药型罩材料的密度和厚度。式(7.41)与 Gurney 公式或式(7.41)与式(7.42)完整描述抛掷速度和方向。但这些公式有很大的局限性，首先，Taylor 公式仅适用于定常状态。对于非定常状态，v_0 和加速时间常数两者随空间的变化率较大地影响 δ 角，常常由于这两者影响导致在非定常状态下，Taylor 公式不能适应情况。

Randers-Pehrson 用二维数值计算，得出如下非定常状态下的抛掷角公式：

$$\delta_0=\frac{v_0}{2u}-\frac{1}{2}\tau v_0'-\frac{1}{5}(\tau v_0')^2 \tag{7.43}$$

而 P. C. Chou 根据流体动力学和式(7.33)的条件下推出：

$$\delta=\frac{v_0}{2u}-\frac{1}{2}\tau v_0'+\frac{1}{4}\tau' v_0 \tag{7.44}$$

说明 δ 不仅与 v_0、u、τ、v_0'有关，而且与 τ'有关，更重要的是式(7.44)是从流体力学下推出来的，是完全从理论上推导而获得的解析解。当 τ'、v_0'都等于零时式(7.44)也就成了式(7.41)。

本文采用了跟前人不同的积分概念处理抛掷角问题，在一般条件下推导了有加速效应的 δ 的解析解，其过程是合理的，在跟 P. C. Chou 相同的假设条件下，通过完全不同的方法得到了与之相同的结论。具体到本文所研究的药型罩为：

①对于 1 号等壁厚罩有：

$$\delta_0=\frac{v_0}{2u}+0.03069 \tag{7.45}$$

②对于 4 号变壁厚罩有：

$$\delta_0=\frac{v_0}{2u}+0.00875\times(2.7404-0.0314l)-0.00783\times(1.8819-0.0175l) \tag{7.46}$$

用不同公式计算的 $\delta_0(l)$ 值不同，从结果看，本文推得的公式(7.40)的计算结果与实验符合得较好，比 Taylor 公式的计算结果大些。这些都说明 Taylor 公式不能适应于药型罩的爆炸驱动，必须加以修正。

通过前面的工作，我们已完全解决了抛掷角的计算问题。关于抛掷角的研究，由于一般情况下 δ 比较小，受其他因素影响大，误差不明显，故一直没有受到人们的重视，往往采用经验公式求解。但由于它是研究药型罩压垮过程的一个重要参数，使用范围很广，因此，近几十年来对它的研究引起了人们的注意，并取得了较快的发展。

虽然，我们已解决了 δ 的计算问题，并且有普遍的应用价值。而且我们已发现除了速度大小增长遵从指数规律外，δ 也是按指数规律增长的，为了得到比较直观明确的 δ 表达式，我们对 δ 做进一步研究。

假定：

$$\delta(t_i,\ l_j)=\delta_0\{1-\exp[-(t-T)/\sigma]\} \tag{7.47}$$

实验发现：对于确定的药型罩和装药，δ_0 和 σ 随 l 而变，因此，我们把 δ_0、σ 看作 l 的函数。

δ_0 的求解问题，已由式(7.45)和式(7.46)给出，对 δ 角的实验结果进行最小二乘拟合得：

①对于1号等厚罩：

$$\sigma=2.1320+0.0138l \tag{7.48}$$

②对于变壁厚4号罩：

$$\sigma=3.0140+0.0470l \tag{7.49}$$

至此由式(7.45)、式(7.47)、式(7.48)或式(7.46)、式(7.47)、式(7.49)可完全确定$\delta=\delta(t_i, l_j)$。也可以通过实验得到δ_0，然后利用式(7.47)、式(7.48)或式(7.49)得出所需的$\delta(t_i, l_j)$。

7.8 药型罩壁的运动

爆炸驱动下药型罩的运动是十分复杂的，各部分、各质点的运动情况互不相同，外表面和内表面质点运动不同，罩壁各部分运动也不同。但是，它们一般都既包括轴向运动，也包含径向运动。罩是轴对称的，因此，对于罩体向前运动更有意义的是轴向运动。

在某时刻，罩上质点m_i(也是该质点质量)以速度大小为v、抛掷角为δ运动。那么，它的径向速度为：

$$v_r=v\sin(20°-\delta) \tag{7.50}$$

将式(7.33)及式(7.47)代入式(7.50)得：

$$v_r=v_0\left[1-\exp\left(-\frac{t-T}{\tau}\right)\right]\sin\left\{20°-\delta_0\left[1-\exp\left(-\frac{t-T}{\sigma}\right)\right]\right\} \tag{7.51}$$

同理可得，轴向速度为：

$$\begin{aligned} v_x &= v\cos(20°-\delta) \\ &= v_0\left[1-\exp\left(-\frac{t-T}{\tau}\right)\right]\cos\left\{20°-\delta_0\left[1-\exp\left(-\frac{t-T}{\sigma}\right)\right]\right\} \end{aligned} \tag{7.52}$$

由于质点既有轴向运动也有径向运动，因此，药型罩被驱动后，一方面质点沿轴向向前运动，另一方面，质点向轴线集中。在加速过程中的位移为：

$$\begin{aligned} S_{\mathrm{r}} &= \int_T^t v_{\mathrm{r}}\mathrm{d}t \\ &= \int_T^t v_0\left[1-\exp\left(-\frac{t-T}{\tau}\right)\right]\sin\left\{20°-\delta_0\left[1-\exp\left(-\frac{t-T}{\sigma}\right)\right]\right\}\mathrm{d}t \end{aligned} \tag{7.53}$$

设$t=t_{\mathrm{m}}$时，径向运动完毕，那么，质点全部径向运动位移为：

$$S_{\mathrm{rm}} = \int_T^{t_m} v_0\left[1-\exp\left(-\frac{t-T}{\tau}\right)\right]\sin\left\{20°-\delta_0\left[1-\exp\left(-\frac{t-T}{\sigma}\right)\right]\right\} \tag{7.54}$$

当罩加速时，轴向运动位移为：

$$S_x = \int_T^t v_x \mathrm{d}t$$
$$= \int_T^t v_0 \left[1 - \exp\left(-\frac{t-T}{\tau}\right)\right] \cos\left\{20^\circ - \delta_0\left[1 - \exp\left(-\frac{t-T}{\sigma}\right)\right]\right\} \mathrm{d}t \tag{7.55}$$

当 $t = t_m$ 时，轴向运动完结，则：

$$S_x = \int_T^{t_m} v_0 \left[1 - \exp\left(-\frac{t-T}{\tau}\right)\right] \cos\left\{20^\circ - \delta_0\left[1 - \exp\left(-\frac{t-T}{\sigma}\right)\right]\right\} \mathrm{d}t \tag{7.56}$$

正由于质点都存在轴向运动，因而整个罩向前飞去，但由于其速度的大小不同，相互之间有力的作用。径向运动对向前运动无贡献，只有轴向运动导致质心向前运动。因此，质心速度为：

$$v_c = \frac{\int v_{ix} \mathrm{d}m_i}{\int \mathrm{d}m_i} \tag{7.57}$$

质心的位移为轴向位移：

$$S_{cx} = \int_0^{t_m} v_c \mathrm{d}t \tag{7.58}$$

式中爆轰波到达罩顶的时刻记作 $t=0$。

由于各部分运动速度不同，顶部速度大，边缘速度小。因此，质心速度小于顶部速度，在各部分之间的相互作用下，顶部速度达到最大值后会不断下降，而边缘速度小的部分，由于这种速度差的存在，有的会破碎而向四周飞散，而更中间的部分会被加速使得速度差减小，直至达到最后速度基本一致。前面的研究已经显示，各质点的速度也将呈指数增长，那么，质心速度也将呈指数增长，因此，质心速度将很快趋于一个稳定值，那么，质心的位移在起初一段时间内增长较慢，很快就会呈线性增长，直到空气阻力使其减速为止。

7.9 聚能装药爆破拆除

7.9.1 聚能装药爆破拆除及其过程

线型聚能装药的聚能罩横断面为 V 形，装药引爆后产生的带状金属射流如快刀一般，将被攻击物强行分开，可用来切割钢板、钢梁、钢管、钢柱等结构构件。其速度之快、效率之高，其他方法不可与之相比，并且能在水下进行，在拆除爆破中发挥越来越关键的作用，St. Schuman 在《爆炸切割》一文中详细描述了利用线型切割器(缩写 LSC)对金属管的切割。

美国截至 20 世纪 70 年代初已采用聚能装药在北美拆除 36 个钢结构。

在我国，聚能爆破切割技术已推广应用到船舶拆除，像螺旋桨、贮油舵及机舱主机房的拆卸，尤其是船体的解体分割及其拆除等，在“佛山号”沉船打捞和“渤海二号”钻井平台的水下切割中均显示了其独特优点。林学圣教授评价说“该方法作用可靠、操作安全、工效高、用途广，是很有发展前景的拆除爆破技术”，它必将在各种钢结构的拆除中扮演重要角色，发挥独特作用。

线型聚能爆炸切割对钢结构建筑物进行拆除的原理是利用聚能切割器切割钢柱，使建筑物失稳倾倒，而线型聚能切割器及其相关参数直接决定钢结构构件的切割效果。选择什么样参数的切割器将直接决定聚能爆炸切割进行结构拆除的效果和工程成本。这对于大型钢结构建筑物爆破拆除工程是至关重要的。

聚能切割器即为一种线型聚能装置，其切割过程包括射流形成与侵彻两个阶段。射流的形成和侵彻机理决定着切割效果，因而有必要先对线型聚能装药的射流形成和侵彻机理进行分析，再对线型聚能装药进行优化设计。

为了改善和提高聚能切割器爆炸形成的聚能效应，可在装药凹形槽内衬以金属套，金属套一般为钢、紫铜或铅合金制成。如此，爆炸作用将形成高速金属射流，射流速度很高，且射流具有很高的能量密度，这种片状的高速射流聚集巨大能量，在运动中不断拉长，当撞击金属板时，可如快刀一般瞬间以几百万个大气压切割金属，而使金属形成切割缝，在后续射流的持续作用下切割缝继续加深加宽。

7.9.2 聚能装药爆破拆除实例

(1)工程概述

某集团棒材厂初轧车间由于改扩建需要对其进行聚能装药爆破拆除，该棒材厂初轧车间南北长 180 m，东西宽 30.5 m，顶部高 19 m，为双排钢框架立柱、框架钢结构屋顶和砖砌圈墙结构。初轧车间东墙各有 22 根双排钢框架立柱，北侧山墙有 2 根，南山墙有 3 根工字形立柱。钢框架立柱由 2 根 0.3 m×0.6 m 立柱和 0.2 m×0.5 m 斜梁组成，钢结构立柱宽 0.6 m、长 2.3 m、高 18 m。初轧车间周围环境为：棒材厂初轧车间东侧 8 m 处和南侧 14 m 处有生产车间，北侧是初轧车间需要拆除的控制车间，西侧 30 m 处和南侧 24 m 处有双排高架管道，管道离地 3 m 和 5 m。

(2)爆破拆除方案

根据棒材厂初轧车间周围环境和场地条件，以及初轧车间的结构特征，并结合类似结构厂房成功爆破拆除的实践经验，将建筑物爆破拆除可选方案中的定向倒塌、原地坍塌、逐跨坍塌、折叠倒塌的爆破拆除倒塌方案作对比分析，最终确定采用向西定向倒塌爆破拆除方案。

具体是，通过该方案，在初轧车间西侧立柱的底部炸开一个切口，使初轧车间向西定向倒塌，利用初轧车间西侧具备的定向倒塌条件，实现初轧车间向西方的定向倒塌拆除。

3)拆除前的预处理

根据向西定向倒塌爆破拆除的需要，经过棒材厂初轧车间结构的深入分析，在施工人员安全的前提下，实施了爆破拆除前的预处理，以确保安全地实施对棒材厂初轧车间向西定向倒塌爆破拆除。

(1)立柱间斜梁的预处理

框架式立柱由两根立柱、横梁和多个斜梁组成，在爆破前部分地切割破坏斜梁。

(2)柱间预处理

爆破前，不仅切断沉降缝处的管线，而且对于可能影响初轧车间向西定向倒塌的立柱之间加强构件及扶梯实施预处理。

(3)爆破切口支撑柱的预处理

东西侧钢立柱由两肢工字钢构成，根据对钢立柱强度的安全校核，将下柱工字钢的翼板预切割掉，使每肢工字钢在任何一个水平切口断面呈“T”形。

4)爆破切口

钢结构厂房由于其立柱的特殊性，不仅无法实现结构构件的内部装药，因而无法利用炸药的爆炸能量造成结构承重构件大面积破坏，而且聚能切割爆破只能将承重立柱切割出一条宽约 10 mm 的小缝，然而钢铁不但具有较好的抗压、抗拉性能，结构的局部失稳不会引起结构整体倒塌破坏。

因而，只能通过聚能切割爆破实施对初轧车间钢结构前排立柱上部切一刀和下部切两刀，并对最后一排立柱下部切两刀以形成爆破切口。

本工程为确保爆破时初轧车间按预定方向准确倒塌和降低倒塌长度，经分析研究后，爆破切口高度取 5 m，倾倒方向前方的工字钢切割高为 5 m，后方的工字钢切割高度为 3 m。

7.9.3 聚能切割器选择

理论和实验表明，炸药的性质、装填密度、聚能穴的形状、药型罩的材料和厚度是决定切割器切割能力的主要因素。药型罩材料延展性好的其聚能切割效果好于延展性差的，装药密度大的聚能切割效果好于装药密度小的。

最好是选用铜、铅等制造药型罩，并采用压装法制成聚能切割器，压装法又可分为分体压装法和整体压装法两种，它们均可达到设计的装药密度，但分体压装法生产的装药不利于施工，整体压装法生产的装药可以方便地进行施工安装。

只有铅可以实现整体压装法生产，因而最终选用铅管整体压装法生产的聚能切割器实施爆破拆除。

7.10 聚能装药爆破拆除讨论

高速摄影，尤其是狭缝扫描高速摄影是研究工程爆破的重要手段，本章利用狭缝扫描高速摄影，深入系统研究了其在聚能装药爆破驱动加速机理研究中的应用。先对爆炸光源进行了研究，得到了理想的爆炸光源。同时，采用化学处理生成氧化膜结合机床加工进行标记。建立了平面镜改变光路的测试系统，解决了极高能量密度、瞬时性、高速性、物质流动和破碎、被测物形状特别等高难而危险实验的测量问题。特别是，在详细分析研究狭缝扫描高速摄影对二维物体运动测试原理基础上，获得了二维运动的测试方法，推导并获得了速度和抛掷角的计算公式；通过采用成角度的双平面镜测试系统，一次成两个像，消除了产生误差的根源。分别对等壁厚和变壁厚两种药型罩在轴心起爆条件下，爆炸驱动药型罩变形初始阶段拉氏速度和变形角进行了测量，并用分幅摄影加以对照。

根据实验结果进行分析研究，获得了质点加速的指数加速规律；在对抛掷角进行的理论研究中，采用了一种跟前人不同的直接数学积分方法，从理论上研究了抛掷角和抛掷速度的关系；并且获得了速度大小指数加速模型下的抛掷角公式；进而获得了最大变形角(抛掷角)的表达式；同时，对实验数据的研究获得了抛掷角的指数加速式；最后讨论了罩壁上各不同部分的径向运动和轴向运动。

从所做的研究可见：

(1)爆炸光源可提供足够的光强度，能保证高速摄影底片充分感光。

(2)机床加工配合化学处理做标记可保证标记位置的准确及黑白的强烈反差。

(3)狭缝扫描高速摄影可记录爆炸驱动物体的真实运动，可基于记录获得质点二维运动的速度和抛掷角，从而将狭缝扫描高速摄影研究领域从一维拓展到二维。

(4)应用理论分析与实验结果研究相结合的方法，得到了最大速度 v_0、加速过程中 $v(t_i, l_j)$ 及最终抛掷角 δ_0 的公式，公式计算结果与实验结果较好地吻合。对 τ 进行了研究，取得了不同情况下 τ 的值，正好跟 P. C. Chou 的结论是一致的。

(5)实验表明，随 l 的增加，v_0、δ_0 都是减小的，等壁厚罩的减小更快。计算结果表明，用指数形式的加速模型模拟实际加速过程是一个较好的近似，反映了罩壁变形的加速规律。

(6)运用数学积分的方法在与 P. C. Chou 完全相同的假设条件下得到了变形角的计算公式，变形角也以指数形式增长，它跟 P. C. Chou 得到的结论完全一致，并且与通过实验数据拟合所得 $\delta(t_i, l_j)$ 的计算公式符合较好。

参考文献

[1] 冯叔瑜，吕毅，顾毅成. 城市控制爆破[M]. 北京：中国铁道出版社，1987.
[2] 李翼祺，马素贞. 爆炸力学[M]. 北京：科学出版社，1992.
[3] 周听清. 爆炸动力学及其应用[M]. 合肥：中国科学技术大学出版社，2001.
[4] 关志中，金人夔. 控制爆破技术现状[J]. 爆破，1991，8(3)：5-8.
[5] 贾金河，于亚伦. 外国拆除爆破的现状[J]. 爆破，1998，15(2)：37-41.
[6] 何军，于亚伦. 李彤华. 城市建(构)筑物控制拆除的国内外现状[J]. 工程爆破，1999，5(3)：76-81.
[7] 汪旭光，于亚伦. 21 世纪的拆除爆破技术[J]. 工程爆破，200，6(1)：32-35.
[8] 秦明武. 控制爆破[M]. 北京：冶金工业出版社，1993.
[9] 言志信，吴德伦，王后裕. 低矮大直径低重心水塔的定向拆除[J]. 建筑技术，2001，32(11)：744-745.
[10] 言志信，吴德伦，许明. 巨型钢筋混凝土取水塔定向爆破拆除[J]. 铁道建筑，2001(10)：29-31.
[11] 席正明，黄真. 倒塌距受限时的一种布孔经验[J]. 重庆建筑，2001(5)：10-13.
[12] 齐金铎. 现代爆破理论的发展阶段[J]. 爆破，1996，13(4)：7-10.
[13] 赵斌. 现代爆破理论的最新进展[J]. 爆破，1997，14(1)：21-27.
[14] 陶颂霖. 凿岩爆破[M]. 北京：冶金工业出版社，1986.
[15] 杨军，金乾坤，黄风雷. 岩石爆破理论模型及数值计算[M]. 北京：科学出版社，1999.
[16] G Harries. A mathematical model of crateing and blasting[C]. National Symposium on Rock Fragmentation. Adelaide，1973.
[17] W B Lu，Z H Dong，S X Lai. Optimum design of notch parameters in blasting demolition of reinforced concrete towering cylindrical buildings[C]. The Second International Conference on Engineering Blasting Technique. Kunming，1995.
[18] E P Chen，L M Taylor. Fracture of brittle rock under dynamic loading condition[M]. SAND-84-2358c，1985.
[19] D E Grady. Local inertial effects in dynamic fragmentation[J]. J. Appl. Phys.，1982，53(1)：322-325.
[20] Robert F Flagg. A review of the state-of-the-art of precision explosive bridge demolition[C]. Proceedings of the Second Conference on Explosives and Blasting Techniques. Louisville，Kentucky，1976.
[21] 卢文波. 拆除爆破中裸露钢筋骨架的失稳模型[J]. 爆破，1992，19(2)：31-35.
[22] 杨人光，史家堉. 建筑物爆破拆除[J]. 北京：中国建筑工业出版社，1985.
[23] Rilem. Demolition methods and practice[C]. Proc. of the 2nd International Conference.

Tokyo, 1988.

[24] Rilem. Guidelines for demolition and reuse of concrete and masonry[C]. Proc. Third International RILEM Symposium on Demolition and Reuse of Concrete and Masonry. Odense, 1993.

[25] 铁道部第四工程局控制爆破试验小组. 土岩爆破文集[M]. 北京: 冶金工业出版社, 1980.

[26] 杨宏业. 土岩爆破文集[M]. 北京: 冶金工业出版社, 1980.

[27] W Z Dong, D L Zhao. Demolition of reinforced concrete bridge by means of controlled blasting[C]. The Second International Conference on Engineering Blasting Technique. Kunming, 1995.

[28] B L Fu, Y Y Yang. Design of directional collapse for removing the reinforced concrete chimney[C]. The Second International Conference on Engineering Blasting Technique. Kunming, 1995.

[29] 关志中. 控制爆破[M]. 北京: 中国铁道出版社, 1981.

[30] 周家汉. 建筑物拆除爆破塌落造成的地面振动//土岩爆破文集(第二辑)[M]. 北京: 冶金工业出版社, 1985.

[31] 吕毅. 控制爆破拆除钢筋混凝土整体框架的实验研究//土岩爆破文集(第二辑)[M]. 北京: 冶金工业出版社, 1985.

[32] 阎家良. 铸工车间的爆破拆除[J]. 爆炸与冲击, 1983, 3(4): 44-49.

[33] 关志中. 用控制爆破拆除21 m高钢筋混凝土框架大楼//爆破与安全[M]. 武汉: 湖北科学技术出版社, 1984.

[34] 庞维泰. 控制爆破拆除建筑物的判据问题//土岩爆破文集(第二辑)[M]. 北京: 冶金工业出版社, 1985.

[35] 何广沂, 朱忠节. 拆除爆破新技术[M]. 北京: 中国铁道出版社, 1988.

[36] J W Sun, X P Huang, J Lai. Numerical simulation for demolishing of reinforced concrete frame structures with controlled blasting[C]. The Second International Conference on Engineering Blasting Technique. Kunming, 1995.

[37] 许连坡. 38米钢筋砼烟囱倾倒过程的力学分析[J]. 爆炸与冲击, 1985, 5(2): 59-68.

[38] 许连坡. 关于爆炸荷载对烟囱倾倒方向的影响[J]. 爆炸与冲击, 1989, 9(3): 228-237.

[39] 陈华腾. 周强, 赵建国, 梁秋祥, 莫大奎, 李振江. 高耸建筑定向拆除爆破研究[J]. 爆破, 1998, 15(4): 26-31.

[40] 林吉元, 龙源, 倪荣福. 砖砌烟囱爆破拆除倾倒过程的观测分析[J]. 爆炸与冲击, 1989, 9(2): 170-174.

[41] J S Huang. Blasting demolition of high building 10 m away from the computer station[C]. The Second International Conference on Engineering Blasting Technique. Kunming, 1995.

[42] 李守巨, 费鸿禄, 张立国. 爆破拆除冷却塔倾倒过程研究[J]. 爆炸与冲击, 1995, 15(3): 282-288.

[43] 何军, 于亚伦, 王双红, 张海涛. 高耸筒形构筑物爆破拆除物理-力学模型的确定[J]. 北京科技大学学报, 1998, 20(6): 507-512.

[44] 费鸿禄, 段宝福. 风载对筒形高耸建筑物定向爆破倾倒过程的影响的研究[J]. 爆炸与冲

击，2000，20(1)：92-96.
[45] 叶国庄，朱爱华，高文学. 烟囱倒塌过程的计算机模拟[J]. 爆破，1998，15(2)：28-32.
[46] 陈新法，冯长根. 筒形薄壁建筑物爆破拆除切口研究[J]. 爆破，1999，16(3)：15-19.
[47] H Y Fang，R M Koerner，H Sutherland. Instrumentation and monitoring criteria to determine structural response from blasting[C]. Proceedings of the Second Conference on Explosives and Blasting Techniques. Louisville，Kentucky，1976.
[48] Donald H Matthews. A need for drilling and blasting specialists[C]. Proceedings of the Second Conference on Explosives and Blasting Techniques. Louisville，Kentucky，1976.
[49] 朱忠节，何广沂. 采用水压爆破拆除工事[J]. 爆破，1984，1(2)：13-20.
[50] 王中黔，李铮. 水压控制爆破药量计算原理//爆破与安全[M]. 武汉：湖北科学技术出版社，1984.
[51] 冯叔瑜，张志毅. 延长药包水压爆破特性的试验研究//工程爆破文集(第三辑)[M]. 北京：冶金工业出版社，1988.
[52] 梁开水，王玉杰. 厂房近区大型钢筋混凝土储罐偏炸水压爆破拆除[J]. 爆破，1996，13(2)：54-56.
[53] 罗德丕，张家富. 水压爆破拆除大板居民楼[J]. 爆破，1998，15(4)：32-37.
[54] 言志信. 奇妙的爆炸聚能[J]. 力学与实践，1997，19(3)：76-77.
[55] 张继春，李平，张志呈. 聚能药包爆炸切割原理及其实验研究[J]. 爆炸与冲击，1991，11(3)：266-271.
[56] 王廷武，刘清泉，杨永琦. 地面与地下工程控制爆破[M]. 北京：煤炭工业出版社，1990.
[57] 铁道部第四勘测设计院爆破室. 控制爆破在拆除工程中的应用//爆破与安全[M]. 武汉：湖北科学技术出版社，1984.
[58] 林学圣，沈贤巩，阎家良. 国内拆除爆破综述//工程爆破文集(第三辑)[M]. 北京：冶金工业出版社，1988.
[59] 龙维祺. 特种爆破技术[M]. 北京：冶金工业出版社，1993.
[60] 邵丙璜，李国豪. 滑移爆轰作用金属复板的运动[J]. 爆炸与冲击，1985，5(3)：23-27.
[61] Rander-Pehrson，Glenn. An improved equation for calculating fragment ballistics[M]. Daytona Hilton，Daytona Beach，Florida：Physics Publishing，1977，25(2)：256-264.
[62] 董桂林. 从一次不成功拆除谈砖烟囱水塔爆破设计//拆除爆破专辑[M]. 武汉：武汉工业大学，1993.
[63] Z M Zheng. Foreword-advances in engineering blasting in china[C]. The Second International Conference on Engineering Blasting Technique. Kunming，1995.
[64] 吴灵光，黄政华. 关于土岩爆破的高速摄影和高速立体摄影观测//土岩爆破文集(第二集)[M]. 北京：冶金工业出版社，1985.
[65] 吴灵光，黄政华. 土中空腔条形药室爆破的鼓包运动特征//土岩爆破文集(第二集)[M]. 北京：冶金工业出版社，1985：88-92
[66] 高尔新，李建平. 带壳有隔板聚能装药的实验研究[J]. 爆炸与冲击，1996，16(2)：166-170.
[67] 言志信，江平，王后裕. 高速变化过程摄影新方法[J]. 岩石力学与工程学报，2001，20(4)：543-545.

[68] 言志信，吴德伦，王后裕．高压驱动研究方法的改进及对质点速度研究[J]．爆炸与冲击，2002，22(2)：132-136.

[69] 颜事龙，冯叔瑜，金孝刚．有机玻璃中条形药包爆炸破碎区发展过程的高速摄影研究[J]．爆炸与冲击，1996，16(2)：166-170.

[70] 黄政华，吴灵光，吴其苏．用高速摄影法确定大区爆破微差时间的研究[J]．爆炸与冲击，1992，12(2)：115-119.

[71] 顾道良，和喜连，王小荣．利用扫描摄影和光导纤维测量鼓包运动过程//土岩爆破文集(第二集)[M]．北京：冶金工业出版社，1984.

[72] 段卓平，恽寿榕，洪 兵．爆炸驱动变壁厚圆管外表面速度的测量[J]．北京理工大学学报，1994，14(4)：17-21.

[73] 叶式灿，董金轩．转镜式高速相机扫描速度及其不均匀性测量[J]．爆炸与冲击，1997，17(2)：188-192.

[74] 北京工业学院八系．爆炸及其作用[M]．北京：国防工业出版社，1979.

[75] Y Long，Y S Ji，K Y Zhang. The research on the calculation of the opening height for demolition barrel structures of reinforced concrete[C]. The Second International Conference on Engineering Blasting Technique. Kunming，1995.

[76] 言志信．筒形结构定向倾斜过程研究[J]．力学与实践，1997，19(2)：48-50.

[77] Josef Henrych，Dr Sc. The Dynamics of explosion and its use[M]. Amsterdam Oxford New York：Elsevier Scientific Publishing Company，1979.

[78] 言志信，吴德伦，王后裕．钢筋混凝土筒形结构定向倾倒研究[J]．建筑结构，2002，32(4)：60-62.

[79] 刘殿中．工程爆破实用手册[M]．北京：冶金工业出版社，1999.

[80] D. 库尔．水下爆炸[M]．北京：科学出版社，1960.

[81] 中国力学学会工程爆破专业委员会．爆破工程(下册)[M]．北京：冶金工业出版社，1992.

[82] Y J Gao. The demolition of a especially high-capacity reinforced concrete structure by means of infusion blasting[C]. The Second International Conference on Engineering Blasting Technique. Kunming，1995.

[83] 王中黔，李铮．水压爆破药量计算及其应用//土岩爆破文集(第二集)[M]．北京：冶金工业出版社，1985.

[84] 言志信，吴德伦，王后裕．复杂结构水池的拆除及分析[J]．力学与实践，2001，23(4)：53-55.

[85] C P Craig. Accurate drilling and precise blast timing improve concrete demolition on the welland canal walls[C]. The Second International Conference on Engineering Blasting Technique. Kunming，1995.

[86] T Jwilton，R L Hills. Blast vibration monitoring on anchored retaining walls and within boreholes[C]. Proc. Conf. Rock Eng. and Excavation in Urban Environment. Hong Kong，1986.

[87] J M Zurada. Introduction to artificial neural system[M]. New York：West Publishing Company，1992.

[88] M. Smith. Neural Networks for Statistical Modeling[M]. New York：Van Nostrand

Reinhold, 1993.
[89] A. Lance McAnuff. Environmental guidelines for maring blasting[C]. The Second International Conference on Engineering Blasting Technique. Kunming, 1995.
[90] Jin Renkui. The demolition of houses by the method of water-infusion blasting[C]. The Second International Conference on Engineering Blasting Technique, Kunming, 1995.
[91] 高尔新. 聚能罩压垮图像的计算机处理[J]. 爆炸与冲击, 1991, 11(4): 353-358.
[92] 黄奇, 胡峰. 爆炸荷载下混凝土的力学特性测试研究[J]. 煤炭学报, 1996, 21(5): 502-505.
[93] 贾乃文. 混凝土特种结构力学分析与设计方法[M]. 北京: 中国建筑工业出版社, 1993.
[94] 钟元清, 徐其敏, 吴显军. 4 栋整浇全剪力墙结构高层住宅楼爆破拆除[J]. 爆破, 2020, 37(1): 102-106.
[95] 刘贵军, 汪海波, 宗琦. 500 kV 高压线下预应力钢筋混凝土桥拆除爆破[J]. 工程爆破, 2020, 26(1): 54-58, 64.
[96] 刘世波. 百米以上钢筋混凝土烟囱拆除爆破研究[D]. 北京: 铁道部科学研究院, 2004.
[97] 王斌, 赵伏军, 林大能, 谷新建. 筒形薄壁建筑物爆破切口形状的有限元分析[J]. 采矿技术, 2005, 5(3): 95-97.
[98] 赵根, 张文煊, 李永池. 钢筋混凝土烟囱定向爆破参数与效果的 DDA 模拟[J]. 工程爆破, 2006, 12(3): 19-21.
[99] 郑炳旭, 魏晓林, 陈庆寿. 多折定落点控爆拆除钢筋混凝土高烟囱设计原理[J]. 工程爆破, 2007, 13(3): 1-7.
[100] 叶振辉, 言志信. 砖烟囱定向爆破拆除倾倒过程研究[J]. 工程爆破, 2010, 16(1): 16-19.
[101] 戴晨, 朱传云, 舒大强, 刘柳明. DDA 及其在爆破过程仿真模拟中的应用//湖北省爆破学会第六届学术会议论文集[C]. 2001.
[102] 陈宝心, 邓敉, 钱虎. ANSYS 模拟框架结构楼房逐段解体爆破拆除[J]. 爆破, 2004, 21(3): 5-7.
[103] 刘培林. 钢筋混凝土结构爆破拆除研究[D]. 兰州: 兰州大学, 2012.
[104] 任高峰, 王玉杰. 框架楼房爆破定向倾塌的数值模拟研究[J]. 工程抗震与加固改造, 2005, 27(5): 74-77.
[105] 刘伟. 建筑物爆破拆除有限元分析与仿真[D]. 武汉: 武汉理工大学, 2006.
[106] 崔晓荣, 郑炳旭, 魏晓林, 傅建秋, 沈兆武. 建筑物爆破倒塌过程的摄影测量分析(Ⅰ)[J]. 工程爆破, 2007, 13(3): 8-13.
[107] 崔晓荣, 魏晓林, 傅建秋, 郑炳旭, 沈兆武. 建筑物爆破倒塌过程的摄影测量分析(Ⅱ)[J]. 工程爆破, 2007, 13(4): 9-14.
[108] 魏挺峰, 魏晓林, 傅建秋. 框架和排架爆破拆除的后坐(1)[J]. 爆破, 2008, 25(2): 12-18.
[109] Yang Guoliang, et al. Numerical simulation of frame structure unidirectional folding blasting demolition[J]. Beijing Ligong Daxue Xuebao/Transaction of Beijing Institute of Technology, 2009, 533: 74-77.
[110] 杨国梁, 杨军, 姜琳琳. 框-筒结构建筑物的折叠爆破拆除[J]. 爆炸与冲击, 2009, 29

(4)：380-384.
[111] 崔正荣，赵明生，杜明照. 剪力墙结构原地坍塌爆破拆除数值模拟[J]. 爆破，2009，26(1)：62-64.
[112] 王铁，刘立雷. 冷却塔定向爆破拆除及爆破效果有限元数值模拟[J]. 爆破，2011，28(1)：67-70.
[113] 余业清，钟冬望. 应用有限元法模拟爆破拆除建筑物倒塌过程[J]. 武汉科技大学学报，2006，29(5)：513-516.
[114] 谢春明，杨军，薛里. 高耸筒形结构爆破拆除的数值模拟[J]. 爆炸与冲击，32(1)：73-78.
[115] 李祥龙，杨阳，栾龙发. 基于整体式模型的钢筋混凝土结构爆破拆除定向倒塌数值模拟[J]. 北京理工大学学报，2013，33(12)：1220-1223.
[116] 廖瑜，徐全军，姜楠，夏裕帅. 钢混结构大型厂房整体式爆破拆除[J]. 工程爆破，2014，20(6)：21-24，28.
[117] 张兆龙. 复杂环境下基坑支撑梁爆破拆除[J]. 爆破，2015，32(4)：94-98.
[118] 孙飞，周向阳，蒋新忠，李广洲，唐毅，刘迪. 线型聚能切割器爆破拆除钢结构烟囱的优化设计[J]. 工程爆破，2016，22(6)：48-54.
[119] 于淑宝，汪旭光，杨军，付占华，于泳海. 210 m高烟囱双切口同向折叠爆破拆除[J]. 工程爆破，2017，23(6)：34-38.
[120] 郑桂初，王友新，段丽环，汪惠真，杨云天，林峰，谢裕柱. 180 m高钢筋混凝土烟囱的拆除爆破[J]. 工程爆破，2019，25(6)：56-60.
[121] 叶振辉. 高耸(高层)建筑物定向爆破拆除倒塌过程研究[D]. 兰州：兰州大学，2011.
[122] 李国合，杨旭升，卢炳刚. 水压爆破拆除钢筋混凝土储水池[J]. 爆破，2003，20(1)：76-77.
[123] 郑长青，程秀力. 钢筋混凝土水塔的水压和定向爆破拆除[J]. 爆破，2004，21(3)：59-60，64.
[124] 李翠林，秦旭光，李超. 特殊结构楼房的水压爆破拆除[J]. 工程爆破，2016，22(1)：86-88.
[125] 孙金山，姚颖康，吴亮，谢先启，贾永胜，韩传伟，刘昌邦. 高架桥混凝土多室箱梁水压爆破破碎机理数值模拟[J]. 爆炸与冲击，2017，37(2)：299-306.
[126] 邵珠山，杨跃宗，米俊峰，赵凡. 水压爆破中波衰减规律及致裂机理的理论研究[J]. 西安建筑科技大学学报(自然科学版)，2017，49(6)：820-826.
[127] 欧阳作林，李浩然，左金库，杨起帆. 水压爆破法在薄壁圆筒结构拆除中的应用[J]. 工程爆破，2020，26(1)：48-53.
[128] 易克，曲广建，李高锋，贾海波，张迎春，钟明寿，王俊岩. 全钢结构体育馆聚能切割爆破拆除技术[J]. 工程爆破，2015，21(6)：25-31.
[129] 孙飞，周向阳，蒋新忠，李广洲，唐毅，刘迪. 线型聚能切割器爆破拆除钢结构烟囱的优化设计[J]. 工程爆破，2016，22(6)：48-54.
[130] 和发波. 大型钢结构厂房聚能切割爆破拆除研究——以莱阳市某钢厂厂房爆破为例[D]. 青岛：青岛理工大学，2016.
[131] 王旭光，于亚伦. 拆除爆破理论与工程实例[M]. 北京：人民交通出版社，2008.